电力**营销**
一线员工作业一本通
装表接电 （第三版）

国网浙江省电力有限公司　编

中国电力出版社
CHINA ELECTRIC POWER PRESS

图书在版编目（CIP）数据

装表接电 / 国网浙江省电力有限公司编 . -- 3 版 .

北京 ：中国电力出版社，2024. 11. --（电力营销一线

员工作业一本通）. -- ISBN 978-7-5198-7422-3

Ⅰ. TM05

中国国家版本馆 CIP 数据核字第 2024E6S877 号

出版发行：中国电力出版社

地　　址：北京市东城区北京站西街 19 号（邮政编码 100005）

网　　址：http://www.cepp.sgcc.com.cn

责任编辑：杨敏群　朱安琪　王　欢

责任校对：黄　蓓　朱丽芳

装帧设计：赵丽媛　宝蕾元

责任印制：钱兴根

印　　刷：三河市万龙印装有限公司

版　　次：2013 年 12 月第一版　2024 年 11 月第三版

印　　次：2024 年 11 月北京第一次印刷

开　　本：787 毫米 ×1092 毫米　横 32 开本

印　　张：8.75

字　　数：214 千字

定　　价：60.00 元

编　委　会

主　编　杨玉强

副主编　何文其　　张彩友　　裘华东　　王　谊　　胡若云　　李　熊　　仇　钧

委　员　王伟峰　　蒋激勇　　李　莉　　潘杰锋　　张甦涛　　郑国和　　丁国锋　　胡　海
　　　　　周洪涛　　沈　皓

编　写　组

组　长　李　莉

副组长　王伟峰　　蒋激勇　　丁国锋　　钟永颉　　周洪涛　　张建赟

成　员　陈仕军　　蒋　群　　杨　佳　　姚其升　　戴珊珊　　崔　幼　　郑　骆　　胡　斌
　　　　　陈鹏翔　　宣玉华　　杨敏杰　　赵翔宇　　吴长浩　　吕　滨　　贺　民　　郑思萌
　　　　　李　爽　　张拿丹　　邬友定　　裘劲昂　　陆雅倩　　张永波　　张　媛　　陆华列
　　　　　王　强　　杨艳湄　　曹　宇　　何　琪　　沈王平　　董迁富　　吴　昊　　张　文
　　　　　刘益武　　马德荣　　刘　羽　　杨建立　　周　斌　　毛倩倩　　吴　凯　　潘喆琼
　　　　　张凯杰　　赵婉芳　　陈凯存　　邵麒麟　　张程熠　　胡倩咏　　马璐璐　　张力行
　　　　　王伟芳

前　言

　　本书为"电力营销一线员工作业一本通"丛书之《装表接电》分册的第三版，在前两版《装表接电》的基础上，结合新形势和新业务要求，更新装表接电规范，配套开发微课，利用数字化工具实现内容拓展。本书主要包括基础知识篇、作业流程篇、作业类型篇和进阶提升篇四个部分。基础知识篇主要介绍了基础概念以及工作规范，涵盖了装表接电业务概述和服务规范；作业流程篇主要介绍了装表接电工作的前期准备、现场作业、作业结束三个环节的工作规范；作业类型篇涵盖了高供低计、高供高计、低供低计和低压光伏的现场作业内容；进阶提升篇以一线员工技能提升需求为主线，从现场检验、采集参数设置、常见故障处理和应急处理四部分进行详细阐述。本书可供电网企业从事装表接电工作人员培训和自学使用。

在本书编写过程中，姚其升、陈鹏翔主要负责基础知识篇的编写，杨佳、戴珊珊主要负责作业流程篇的编写，郑骆、赵翔宇主要负责作业类型篇的编写，崔幼、陆雅倩主要负责进阶提升篇的编写。在此谨向参与本书编写、研讨、审稿、业务指导的各位领导、专家和有关单位致以诚挚的感谢！

限于编者水平，疏漏之处在所难免，恳请各位领导、专家和读者提出宝贵意见。

编者

2023年10月

目 录

前 言

Part 1　基础知识篇 >>

一、业务概述……………………………………………………… 2

二、服务规范……………………………………………………… 13

Part 2　作业流程篇 >>

一、前期作业准备………………………………………………… 44

二、现场作业准备………………………………………………… 51

三、现场作业……………………………………………………… 58

四、作业结束……………………………………………………… 59

Part 3　作业类型篇 ＞＞

一、高供低计现场作业·······································68

二、高供高计现场作业·······································111

三、低供低计现场作业·······································138

四、低压光伏现场作业·······································164

Part 4　进阶提升篇 ＞＞

一、申请校验现场服务·······································172

二、采集参数设置···195

三、计量装置接线原理及常见故障·····························210

四、应急处理···248

Part 1

基础知识篇 >>

　　基础知识篇主要介绍了装表接电基础概念以及工作要求，通过统一装表接电工作人员的认知及作业规范，进一步提升装表接电现场工作质量。

　　本篇涵盖了装表接电业务概述和服务规范两个部分内容。业务概述包括计量方式分类、作业个人防护、计量装置简介和作业流程总结；服务规范包括服务基本准则、礼貌用语、仪容仪表、服务场景礼仪及场景应答。

1　2　3　4

 业务概述

（一）计量方式分类

计量方式与计量点的选择，应根据用户用电负荷容量、供电线路的电压等级、生产生活的实际需要以及不同的环境条件，因地制宜地合理选择确定。按照不同的供电方式，其可分为高供高计、高供低计和低供低计三类。

1. 高供高计

高供高计是电能计量装置设置点的电压与供电电压一致且在10（6）千伏及以上的计量方式。

高压供电的客户原则上应采用高供高计计量方式。必须采用高供高计计量方式的包括以下情况：

（1）供电电压在10（6）千伏或35千伏，受电容量在400千伏安及以上。

（2）同一受电点安装两台及以上受电变压器的用户。

（3）三圈式变压器供电的用户。

2. 高供低计

高供低计是电能计量装置设置点的电压低于用户供电电压的计量方式。

供电电压为10千伏或35千伏，受电容量在500千伏安以下，用户选用高供高计方式有困难时，可以选用高供低计计量方式（不包括以上必须选用高供高计的情况）。

3. 低供低计

低供低计是用户的供电电压和电能计量装置设置点均为3×380/220伏或单相220伏的低压计量方式。

（二）作业个人防护

护目镜

低压作业
防护手套

安全帽

工作服

绝缘鞋

（三）计量装置简介

1. 电能计量装置定义

由各种类型的电能表或由计量用电压、电流互感器（或专用二次绕组）及其二次回路相连接组成的用于计量电能的装置，包括成套的电能计量柜（箱、屏）。

2. 电能计量装置分类和精确度等级

类型	电压等级	精确度等级			
		电能表		互感器	
		有功	无功	电压互感器	电流互感器
I 类	220千伏及以上贸易结算用电能计量装置，500千伏及以上考核用电能计量装置，计量单机容量300兆瓦及以上发电机发电电量的电能计量装置	0.2S	2	0.2	0.2S
II 类	110（66）~220千伏贸易结算用电能计量装置，220~500千伏考核用电能计量装置，计量单机容量100~300兆瓦发电机发电量的电能计量装置	0.5S	2	0.2	0.2S
III 类	10~110（66）千伏贸易结算用电能计量装置，10~220千伏考核用电能计量装置，计量100兆瓦以下发电机发电量、发电企业厂（站）用电量的电能计量装置	0.5S	2	0.5	0.5S
IV 类	380伏~10千伏电能计量装置	1	2	0.5	0.5S
V 类	220伏单相电能计量装置	2	—	—	0.5S

3. 电能计量装置接线方式规定 1

（1）电能计量装置的接线应满足DL/T 825—2021《电能计量装置安装接线规则》的要求。

（2）接入中性点绝缘系统的电能计量装置，应采用三相三线电能表。接入非中性点绝缘系统的电能计量装置，宜采用三相四线电能表。

（3）接入中性点绝缘系统的电压互感器，35千伏及以上的宜采用Yy方式接线，35千伏以下的宜采用Vv方式接线。接入非中性点绝缘系统的电压互感器，宜采用YNyn方式接线，其一次侧接地方式和系统接地方式相一致。

（4）三相三线制接线的电能计量装置，其2台电流互感器二次绕组与电能表之间采用四线连接。三相四线制接线的电能计量装置，其3台电流互感器二次绕组与电能表之间采用六线连接。

（5）在3/2断路器接线方式下，参与"和相"的2台电流互感器，其准确度等级、型号和规格应相同，二次回路应在电能计量屏端子排处并联，在并联处一点接地。

（6）低压供电且计算负荷电流为60安及以下时，宜采用直接接入电能表的接线方式；计算负荷电流为60安以上时，宜采用经电流互感器接入电能表的接线方式。

（7）选用直接接入式的电能表其最大电流不宜超过100安。

4. 常用计量装置介绍

常用电能表				
	三相三线电能表	三相四线电能表	直接式三相四线电能表	单相电能表
应用场景	高供高计装表接电	高供低计装表接电	低供低计装表接电	单相装表接电
常用采集设备				
	专用变压器终端	Ⅱ型集中器	Ⅰ型集中器+采集模块	
应用场景	高压用户采集	低压用户无线采集	低压用户载波采集	

5. 电能计量柜（箱、屏）要求

工作要求

（1）客户使用的电能计量装置，应采用符合有关要求的电能计量柜（箱、屏）。

（2）电能计量柜应符合GB/T 16934—2013《电能计量柜》的要求。

（3）金属电能表柜（箱）外壳接地宜采用25平方毫米多股铜芯黄、绿双色导线，导线两端压好铜接头并接地，接地电阻不大于10欧姆。

6. 导线选择

直接接入式电能表采用BV型绝缘铜芯导线，导线截面积应根据额定的正常负荷电流选择。

（1）经互感器的导线选择。

1）电流回路采用不小于BV-4.0平方毫米单股铜芯黄、绿、红导线。

2）电压回路采用不小于BV-2.5.0平方毫米单股铜芯黄、绿、红导线。

3）二次接地回路宜采用BVR-4.0平方毫米多股铜芯黄、绿双色导线。

4）一次接地回路宜采用BVR-25.0平方毫米多股铜芯黄、绿双色导线。

5）零线宜采用BV-2.5平方毫米单股铜芯黑色导线。

（2）RS-485连线宜采用BV-0.3平方毫米及以上单芯双绞线。

绝缘铜芯导线截面积

负荷电流（安培）	铜芯绝缘导线截面积（平方毫米）
< 20	4.0
$20 \leqslant I < 40$	6.0
$40 \leqslant I < 60$	10
$60 \leqslant I < 80$	16
$80 \leqslant I < 100$	25

注　DL/T 448—2016《电能计量装置技术管理规程》规定，负荷电流为50安培以上时，宜采用经电流互感器接入的接线方式。

7. 封印选择

现场施工使用现场封印，现场封印适用于电能表、采集终端、互感器二次端子盒、联合试验接线盒、电能计量柜（箱、屏）等设备，现场作业时加封分为安装维护封、现场检验封、用电检查封和故障抢修封四种。

封印型式	形状尺寸	示例图	封印型式	形状尺寸	示例图
带锁扣的穿线式旋紧封印	—		卡扣式封印（大）	17毫米	
带锁扣的穿线式按压封印	—		卡扣式封印（小）	11毫米	

封印类型	使用范围	封印颜色	封印型式	备注
现场封印	装表接电、采集运维、现场核抄等安装维护（Ⅰ、Ⅱ、Ⅲ类及Ⅳ类专用变压器电能计量装置）	黄色	带锁扣的穿线式旋紧封印	—
	装表接电、采集运维、现场核抄等安装维护（Ⅳ类非专用变压器及Ⅴ类电能计量装置）	黄色	带锁扣的穿线式按压封印或带锁扣的穿线式旋紧封印	国网标准单表位低压计量箱使用：卡扣式封印
	现场检验（Ⅰ、Ⅱ、Ⅲ类及Ⅳ类专用变压器电能计量装置）	蓝色	带锁扣的穿线式旋紧封印	—
	现场检验（Ⅳ类非专用变压器及Ⅴ类电能计量装置）	蓝色	带锁扣的穿线式按压封印或带锁扣的穿线式旋紧封印	国网标准单表位低压计量箱使用：卡扣式封印
	用电检查（Ⅰ、Ⅱ、Ⅲ类及Ⅳ类专用变压器电能计量装置）	红色	带锁扣的穿线式旋紧封印	—
	用电检查（Ⅳ类非专用变压器及Ⅴ类电能计量装置）	红色	带锁扣的穿线式按压封印或带锁扣的穿线式旋紧封印	国网标准单表位低压计量箱使用：卡扣式封印
	电能表故障抢修	白色	带锁扣的穿线式按压封印或带锁扣的穿线式旋紧封印	—

（四）作业流程总结

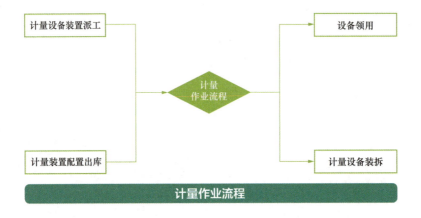

计量作业流程

二 服务规范

（一）服务基本准则

三要	三不要
仪容仪表要整洁	不要忽视客户意见
对待客户要热情	不要与客户发生争执
服务客户要用心	不要损坏公司形象

（二）服务礼貌用语

使用文明礼貌用语，语音清晰，语速平和，语意明确，提倡讲普通话，尽量少用生僻的电力专业术语。

礼貌用语

1 您好

2 请/请问

3 先生/女士

4 麻烦您

5 打扰了

6 请稍等/稍候

7 抱歉

8 对不起

9 不客气/没关系

10 非常感谢/谢谢

11 好的

12 再见/再会

（三）服务仪容仪表

1. 着装规范

装表接电人员现场工作必须穿工作服、绝缘鞋，戴低压作业防护手套、安全帽，佩戴工作证件，保持着装整洁。

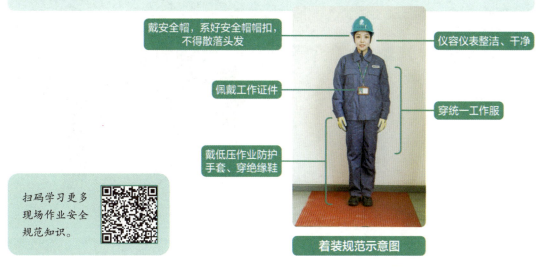

戴安全帽，系好安全帽帽扣，不得散落头发

仪容仪表整洁、干净

佩戴工作证件

穿统一工作服

戴低压作业防护手套、穿绝缘鞋

着装规范示意图

扫码学习更多现场作业安全规范知识。

2. 精神状态

◎ 作业人员精神饱满、状态良好。

◎ 作业人员未饮酒。

◎ 作业人员无社会干扰及思想负担。

保持饱满的精神状态

（四）服务场景礼仪

1. 电话呼叫

流程 ⟶ 致电客户 ➡ 自我介绍 ➡ 说明原因 ➡ 预约时间 ➡ 通话结束 ➡ 记录

电话呼叫礼仪规范

工作要求

◎ 使用文明礼貌用语，通常情况下应讲普通话。

◎ 语速适中、语意明确、语气柔和。

◎ 准确告知作业内容，预约作业时间，确认客户能否到场等事项。

◎ 客户挂机后再挂断电话。

◎ 联系客户最好是在工作时间以内。

◎ 做好通话记录。

常用话术示例一：新装用户预约上门

客户表示有时间到场：
"好的，我们到现场会再给您电话，谢谢，再见！"

"您好，我是××供电公司装表接电人员×××，请问是××家（公司）吗？"
"您之前申请了用电，我们计划于×日×时左右上门安装，需要您到现场配合并签字确认。"

客户表示没有时间到场：
"×先生/女士，您看什么时候方便，我们再过来安装？"
"谢谢，再见！"

新装用户预约上门常用话术

常用话术示例二：现场申校预约上门

"您好，我是××供电公司装表接电人员×××，您之前申请校表，（上次联系您没有时间）不知道近期什么时候方便，我们上门给您校验？"

客户表示有时间到场："好的，我们到了现场会及时给您电话，谢谢，再见！"

客户表示没有时间到场："好的，如果您不方便可以委托他人到现场检查确认。"
"谢谢，再见！"

现场申校预约上门常用话术

装表接电 第三版

2. 电话接听

流程　客户来电 ➡ 礼貌接听 ➡ 明确原因 ➡ 要点重复 ➡ 通话结束 ➡ 记录

电话接听礼仪规范示意图

工作要求

◎ 电话铃响三声内接听。

◎ 使用文明礼貌用语，通常情况下应讲普通话。

◎ 语速适中、语意明确、语气柔和。

◎ 明确客户需求，重点内容重复确认。

◎ 客户挂机后再挂断电话。

◎ 做好通话记录。

3. 停电告知

装表接电作业若影响用户正常用电，应通过提前三天在小区/村委公告栏内张贴通知，或使用短信、智能客服等方式在社区社群内对客户进行告知。

小区、村委公告栏

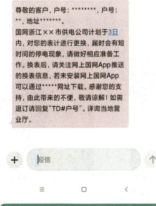

短信通知

智能客服通知

4. 进入厂区

工作要求

◎ 车辆到达客户单位或小区门卫处，告知门卫来意，并出示工作证件，经对方同意后进入。

◎ 如客户要求登记，应积极配合。

配合客户进行登记

"您好，我是××供电公司工作人员，来您这边装（换）电能表，这是我的证件……"

双手递上工作证

告知来意并出示工作证件

5. 车辆停放

根据客户要求规范停车

工作要求

◎ 进入客户单位或居民小区内不得鸣喇叭，应按照客户要求规范停车。

◎ 临时停车应注意安全，不得阻挡交通。

6. 敲门入户

工作要求

◎ 按门铃要求：轻按门铃，若无应答，等待10秒后再按，一般不宜超过3次。

◎ 敲门要求：轻敲3下，若无应答，间隔3~5秒后再敲，不宜超过3次。力度适中，严禁砸门或踢门。

◎ 客户询问时应表明身份及来意。

"您好，我是××供电公司工作人员，来您这边……，麻烦您开下门。"

轻敲三下

敲门入户

双手递上工作证

表明身份及来意

7. 准备作业

工作要求

◎ 作业人员在客户引导下进入作业区。

◎ 作业人员进入作业区不得操作客户设备。

在客户引导下进入作业区

8. 电能表示数核对

工作要求

◎ 作业人员准确记录待拆电能表止度，并请客户亲自核对电能表读数与单据记录是否一致。

◎ 新装电能表需让客户核对起度，客户确认后方可进行安装。

◎ 作业人员五指并拢，指引电能表示数和装接单止度记录处。

"××先生/女士，请您核对一下电能表读数。"

请客户核对电能表读数

9. 场地清理

工作要求

◎ 作业结束后，及时清理现场工作残留物和污迹。

◎ 将客户原有设施恢复原状。

清理现场

恢复原状

10. 作业后恢复用电

作业结束，告知客户可以正常用电。主动向客户交代注意事项。

告知客户可恢复用电

11. 居民用户告知

现场打电话给客户，告知作业已经结束，清楚告知客户电能表资产编号、起始度、电能表在表箱的位置；通话结束后做好记录。

"您好，我是××供电公司装表人员×××，您的电能表已经装（换）好了，拆下的电能表止度是×××，您可通过网上国网App进行止度的查询，请您抽空查验，若有疑问，请在×个工作日内电话联系。谢谢，再见！"

12. 客户签字确认

作业结束，请客户核对后在装接单上签字。

工作要求

◎ 与客户交谈时要使用礼貌用语，不得随意打断客户讲话。

◎ 递送单据时应文字正面朝向客户，双手递送。

◎ 递笔时，笔尖不得朝向客户。

◎ 五指并拢指向签字处。

◎ 票面清洁、整齐、无褶皱。

"×先生／女士，请您核对一下，若无疑问，请在这里签字，谢谢！"

请客户签字

双手递送单据

笔尖不朝向客户

五指并拢指向签字处
票面清洁、整齐，无褶皱

13. 告别客户

主动征求客户意见并礼貌告别客户。

"谢谢您对我们工作的支持与配合，有什么需要，请拨打我们的服务热线95598，我们将随时为您提供服务，再见！"

工作要求

◎ 握手时双目注视对方，面带微笑，态度亲切诚恳。

◎ 适度紧握客户右手。

◎ 不得戴手套与客户握手。

告别客户

14. 办理出厂区手续

工作要求

交还登记单、取回暂押的相关证件，礼貌告别客户。

办理出厂区手续

（五）服务场景应答

场景一

问 居民生活用电峰谷时段是怎么区分的？

答

居民峰谷用电是将一天24小时划分为两个时段分别计价，其中×：00～××：00共××小时称为高峰时段，××：00～次日×：00共××小时称为低谷时段，实行峰谷电价。

场景二

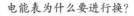

问

电能表为什么要进行换?

答

（1）电能表有一定的使用年限，按照国家有关规定，到期就需要更换。

（2）使用中的电能表因为抽检需要，所以要拆回检测。

（3）新型电力系统建设，需要对不满足信息存储和采集要求的电能表进行更换。

场景三

问

智能电能表如何查看电量?

答

　　所有的智能电能表都具备峰谷计量功能，液晶显示屏会循环显示各种计量信息，其中就有当前总电量和当前谷电量。比如"当前总电量155.98千瓦时"，表示用户累计用电总量为155.98千瓦时。要想知道峰电量用了多少，用总电量减去谷电量即是峰电量。

场景四

这个月没怎么用电，
电费怎么这么多？

问

答

（1）大概比上个月多了多少？是不是最近新增了家用电器？是不是家里有一些电器（电热水器、取暖器等）使用频率比较高？

（2）可能您的用电量到了阶梯电价的上一档，电价上涨了。浙江范围内，一档电量为年用电量2760千瓦时及以下，电价为0.538元/千瓦时；二档电量为2761～4800千瓦时，电价在第一档电价基础上加价0.05元/千瓦时；三档电量为4801千瓦时及以上，电价在第一档电价基础上加价0.3元/千瓦时。

（3）这样吧，您再观察一段时间，可以通过网上国网App查看您的用电量，如果确实存在较大差异，请及时联系我们，我们会上门服务。

场景五

问

智能电能表的几个指示灯都是什么意思？

答

　　智能电能表正面从左到右排列有两个指示灯，分别为：

　　（1）红色脉冲指示灯，用户用电时红色闪烁，用电量越大闪烁越快；不用电时指示灯不闪。

　　（2）黄色跳闸指示灯，电能表里面有个开关，跳闸时亮，一般处于灯灭的状态。

　　另外，红外通信指示灯，置于小窗口内，红外抄表时灯亮，一般处于灯灭的状态。

场景六

问 采集系统是否会产生额外电费，天线辐射是否会损害人身健康？

答

采集器的工作电源从电能表前接入，不计入电能表，与您的电量电费无关。

采集器只是经过4G传输接收数据，它的辐射量与手机差不多，而且装在室外，远离人群，不会损害人的身体健康。

场景七

问

现在大工业用户的分时电价时段是如何进行划分的？

答

以浙江范围内目前使用的时段划分标准为例。

（1）夏季7、8月份及冬季1、12月份为三费率七时段，其中13：00～15：00由高峰时段调整为尖峰时段，尖峰谷时长比例6：6：12，具体为：

尖峰：9：00～11：00，13：00～17：00。

高峰：8：00～9：00，17：00～22：00。

低谷：0：00～8：00，11：00～13：00，22：00～24：00。

（2）除此之外的月份为三费率八时段。尖峰谷时长比例4：8：12，具体为：

尖峰：9：00～11：00，15：00～17：00。

高峰：8：00～9：00，13：00～15：00，17：00～22：00。

低谷：0：00～8：00，11：00～13：00，22：00～24：00。

场景八

问

怎么查看光伏的发电量和上网电量?

答

　　您可以通过网上国网App电费账单或是电量电费查询来核对您的光伏发电量和上网电量，您也可以去营业厅查询，或是拨打95598人工客服查询。

　　（1）全额上网时：您的光伏发电量等于上网电量。

　　（2）自发自用余电上网时：您家中自用的光伏电量等于发电电量减去上网电量。

场景九

问 充电桩电价目前是如何进行结算的呢？

答

根据国家发展改革委《关于电动汽车用电价格政策有关问题的通知》（发改价格〔2014〕1668号），浙江省内居民住宅小区中设置的集中充电设施用电，执行居民用电价格中的合表用户电价，并执行峰谷分时电价。其中：

（1）不满1千伏用户：高峰、低谷电价水平分别为每千瓦时0.588元、0.308元。

（2）1~10千伏及以上用户：高峰、低谷电价在不满1千伏用户价格基础上相应降低2分钱执行。

峰谷时段划分：8：00~22：00是高峰时段，22：00~次日8：00是低谷时段。

Part 2

作业流程篇 >>

作业流程篇主要介绍了装表接电工作的前期作业准备、现场作业准备、现场作业、作业结束四个环节的工作规范，旨在为员工现场作业提供规范化的流程参考。

前期作业准备包括作业准备清单、前期查勘、开具工作票、计量装置领用及核对等内容；现场作业包括办理工作票许可手续、现场站班会、周围环境检查以及计量装置检查等内容；作业结束包括送电后检查、起止度确认及录入、封印、结束工作票、清理现场等内容。本篇从作业流程角度为装表接电作业人员开展装接作业提供参考依据。

1 **2** 3 4

━ 前期作业准备

（一）作业准备清单

1. 常用工具

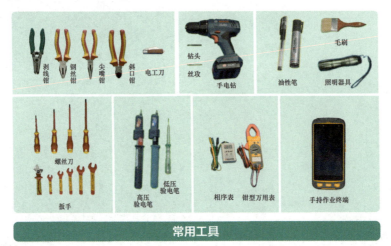

常用工具

若需高处作业，还需要配置合格的高处作业工具，如脚扣或登高板、绝缘梯、安全带等。

2. 器具和材料

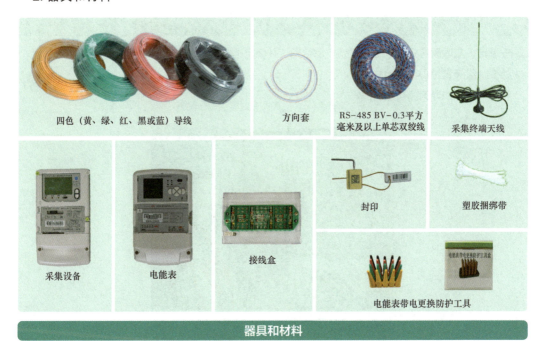

四色（黄、绿、红、黑或蓝）导线　　方向套　　RS-485 BV-0.3平方毫米及以上单芯双绞线　　采集终端天线

采集设备　　电能表　　接线盒　　封印　　塑胶捆绑带

电能表带电更换防护工具

器具和材料

（二）前期查勘

工作内容

◎ 安装前，应联系客户进行安装现场实地查勘，并确定电能计量装置安装时间。

◎ 检查计量装置是否符合相关要求。

◎ 检查现场无线通信信号是否良好。

检查现场无线通信信号

（三）开具工作票

工作类型	工作票	工作票适用范围
变电站内高压新装、增减容	变电站（发电厂）第一种工作票	需停电的35千伏及以上高压客户增（减）容受电工程中间检查、竣工检验、高压互感器现场停电校验等工作。 需停电的35千伏及以上变电站内10（20）千伏及以下的配电设施工作
变电站内高压轮换、校验	变电站（发电厂）第二种工作票	不需停电的35千伏及以上变电站、开关站、高供高计客户内开展电能表（负控装置）装拆、电能表校验、电压互感器二次降压测量、二次负荷测量等单项作业。 不需停电的35千伏及以上变电站内10（20）千伏及以下的配电设施工作
客户侧高压新装、增减容	配电第一种工作票	需停电的10（20）千伏高压客户增（减）容受电工程中间检查、竣工检验、高压互感器现场停电校验等工作，低压计量客户涉及停电调换互感器等工作
客户侧高压轮换、校验	配电第二种工作票	不需停电的10（20）千伏开关站，高供高计客户内电能表（负控装置）装拆、电能表校验、电压互感器二次降压测量、二次负荷测量等单项作业
低压作业	低压工作票	低压线路、设备（不含在发电厂、变电站内的低压设备）上工作，不需要将高压线路、设备停电或做安全措施者
现场勘察	现场作业工作卡	客户侧开展业扩报装、用电检查、分布式电源、充电设备检修（试验）、综合能源等相关工作，应填用现场作业工作卡

工作票填写与签发流程

◎ 工作票签发人或工作负责人依据工作任务填写并打印相应的工作票。

◎ 办理工作票签发手续。

工作票填写

（1）一张工作票中，工作票签发人、工作许可人和工作负责人三者不得为同一人。若相互兼任，应具备相应的资质，并履行相应的安全责任。

1）填用变电工作票时，工作许可人与工作负责人不得互相兼任。

2）填用配电工作票或低压工作票时，工作许可人中只有现场工作许可人（作为工作班成员之一，进行该工作任务所需现场操作及做安全措施者）可与工作负责人相互兼任。

（2）工作票使用手工方式填写时，应用黑色或蓝色的钢（水）笔或圆珠笔填写和签发，至少一式两份。工作票票面上的时间、工作地点、线路名称、设备双重名称（设备名称和编号）、动词等关键词不得涂改。若有个别错、漏字需要修改、补充时，应使用规范的符号，字迹应清楚。

（3）工作票使用计算机生成或打印时，应使用统一的票面格式。

（4）工作票的填写与签发可采用线上电子化的方式进行。电子化工作票的票面应清晰可见，工作票签发等相关手续应能够正常履行，其他填写要求与手工方式相同。

工作票签发

（1）工作票应由工作票签发人审核，手工或电子签发后方可执行。

（2）电网侧营销现场作业，工作票由设备运维管理单位签发，也可经由设备运维管理单位审核合格且经批准的检修（施工）单位签发。检修（施工）单位的工作票签发人、工作负责人名单应事先送设备运维管理单位、调度控制中心备案。

（3）承、发包工程，工作票应实行"双签发"。签发工作票时，双方工作票签发人在工作票上分别签名，各自承担相应的安全责任。

（四）计量装置领用及核对

高压电能计量装接单

（1）完成派工后打印装接单并领用电能表。

核对设备铭牌

（2）工作人员根据装接单核对计量设备资产编号。

核对电能表资产编号

（3）到达工作现场后，根据装接单再次核对设备铭牌。

二 现场作业准备

（一）办理工作票许可手续

双方在工作票上签字确认

工作内容

（1）工作负责人到达现场，办理工作票许可手续。

（2）严禁未经许可开始工作。

（3）工作负责人在工作许可人完成施工现场的安全措施后，还应完成以下手续：

1）再次检查所做的安全措施。

2）确认工作许可人指明的带电设备的位置和注意事项。

3）在工作票上确认、签名。

4）办理工作票许可手续时，在客户电气设备上工作应由供电公司与客户方进行双许可，双方在工作票上签字确认。

5）客户方由具备资质的电气工作人员许可，并对工作票中安全措施的正确性、完备性，现场安全措施的完善性以及现场停电设备有无突然来电的危险负责。

（二）现场站班会

召开站班会

工作内容

确认现场作业前，需召开站班会，工作负责人向作业人员交待以下事项：

◎ 强调安全注意事项，并告知危险点，包括周边环境、高处坠落、高处坠物、损坏设备、人员摔伤、触电伤害和电弧灼伤。

◎ 明确作业人员具体分工。

◎ 工作人员明确工作任务，签字确认。

注意事项

◎ 严禁违章指挥、无票作业。

◎ 遵守相关规程和制度，文明施工。

◎ 作业人员服从工作负责人指挥。

（三）周围环境检查

注意事项

◎ 是否存在工作票外的风险点。

◎ 金属表箱接地是否牢靠。

◎ 查看电缆沟是否覆盖。

◎ 是否存在自备电源。

◎ 有无其他施工队伍。

◎ 周围是否有分布式光伏，是否断开。

◎ 周围是否有储能设备，是否断开。

扫码学习更多
现场作业安全
规范知识。

有无其他
施工队伍

检查周围环境

是否存在在运行
设备或其他电源

查看电缆沟是否覆盖

电缆沟是否
覆盖

现场是否
断电

检查现场是否断电

1. 高处坠落

安全带要系在牢固的构件上

限高标志

60度左右

登高作业注意事项

注意事项

◎ 在没有脚手架或者在没有栏杆的脚手架上工作，高度超过1.5米时，应使用安全带，或采取其他可靠的安全措施。

◎ 登高前检查登高工具和杆根、安全带是否牢固可靠。

◎ 作业人员在梯子上的站立位置不应超过梯子限高标志。

◎ 登高使用梯子时，梯子与地面的角度为60度左右，采取可靠防滑措施。

2. 高处坠物

注意事项

◎ 工作人员戴好安全帽，禁止将工具及材料上下投掷，应用绳索拴牢传递。

◎ 高处作业应一律使用工具袋。

◎ 较大的工具应用绳拴在牢固的构件上，工件、边角余料应放置在牢靠的地方或用铁丝扣牢并有防止坠落的措施，不准随便乱放，以防发生高处坠落事故。

工作人员戴好安全帽，禁止将工具及材料上下投掷，应用绳索拴牢传递

禁止将工具及材料上下投掷

3. 安全措施确认

注意事项

确认安全措施是否到位：

◎ 检查作业环境。

◎ 电能计量柜（箱、屏）验电（验电前需确认验电笔正常）。

◎ 检查所有开关均已断开，悬挂标识牌。

◎ 作业工具绝缘保护应符合《电力安全工作规程》的规定，工具、材料必须妥善放置并站在绝缘垫上进行工作。

◎ 计量装置未安装前，进线电缆不允许搭头。

所有开关均已断开

检查作业环境

验电

环境整洁

绝缘垫

绝缘保护

标识牌悬挂到位

悬挂标识牌

（四）计量装置检查

工作内容

工作开始前，需要检查电能计量柜（箱、屏）门封、计量装置封印是否完好，是否有绕越接线和短接接线等窃电行为。如发现现场存在窃电嫌疑的，应保护现场并拍照存档，通知用检人员现场处理。

检查高压电能计量柜（箱、屏）门封、计量装置封印是否完好

检查联合接线盒是否存在短接、螺丝松动等异常

检查电能表是否存在火线短接、绕越接线等窃电行为

检查封印

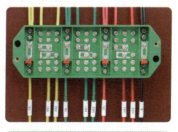

检查接线盒

检查窃电行为

 **现场作业**

现场装表接电作业具体内容详见Part3作业类型篇

计量方式	作业类型	详见页数
高供低计	新装	P68
	更换	P99
高供高计	新装	P111
	更换	P128
低供低计	新装	P138
	更换	P158
低压光伏	余电上网	P165
	全额上网	P168

高供高计场景

低供低计场景

 高供低计场景

光伏上网场景

四 作业结束

（一）送电后检查

接线检查

◎ 检查电能表、采集终端、互感器、接线盒接线是否正确、规范、牢固。

◎ 检查接线盒电流、电压连接片是否在运行位置。

◎ 检查连接互感器、电能表、接线盒的导线有无露铜现象，螺丝不能压导线绝缘层。

◎ 检查所有紧固件是否拧紧。

◎ 检查熔丝与整个二次计量回路情况，电压互感器（高供高计）、电流互感器的极性端是否正确。

◎ 检查终端天线是否拧紧。

通信检查

检查终端通信情况

工作内容

◎ 检查终端通信情况是否良好。

◎ 检查电压、电流、相序、电能表起度、时间、时段等是否正常。

◎ 检查终端参数是否正确。

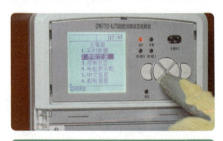

终端主菜单页

检查终端参数

（二）起止度确认及录入

旧表止度拍照

客户确认止度

用移动作业终端拍照，保存电能表相关信息

记录旧电能表止度、拆表时间以及用电负荷

新表起度拍照

表计接线完成

拍照记录信息

工作内容

用移动作业终端拍照记录相应信息：

◎ 新装电能表起度、表号等设备信息。

◎ 柜内计量设备封印信息。

◎ 电能计量柜（箱、屏）封印信息［电能计量柜（箱、屏）封印后完成］。

电能表示数核对签字

作业人员准确记录新、旧电能表起止度，并请客户亲自核对电能表读数与单据记录是否一致。

请客户亲自核对电能表读数

请客户签字确认

（三）封印

电能计量柜（箱、屏）内封印

① 穿入封印线

② 旋紧螺杆

③ 剪去余线

计量柜（箱、屏）封印

锁线长度适中

拧紧螺杆直至螺杆脱落

剪去多余锁线

注意事项：一个封印不能同时穿2孔；封印尾线保留0.5~1毫米。

（四）终结工作票

工作内容

现场作业结束，工作负责人填写工作票，办理工作票终结手续。

终结工作票

（五）清理现场

工作内容

安装完毕，工作人员整理工器具、材料，清理作业现场。

清理作业现场

整理工器具、材料

Part 3

作业类型篇 >>

　　作业类型篇以不同类型的计量装置新装、更换作业步骤和工作规范为主进行介绍，为装表接电现场规范作业提供参考依据。

　　本篇主要涵盖了高供低计、高供高计、低供低计和低压光伏的计量装接内容。高供低计以经互感器接入式计量装置（三相四线）的新装和更换为主，高供高计以经互感器接入式计量装置（三相三线）的新装和更换为主，低供低计以直接接入式计量装置（三相四线）的新装和更换为主，低压光伏以380伏余电类和全额类光伏为主进行介绍，为计量装置装接现场作业提供可以参考的作业规范。

1　2　**3**　4

一 高供低计现场作业

（一）经互感器接入式计量装置（三相四线）新装

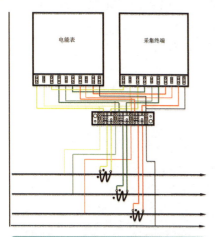

经互感器接入式计量装置（三相四线）新装接线原理图

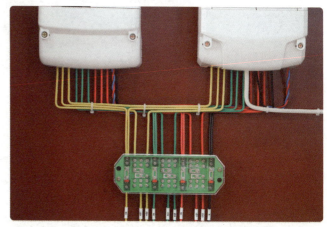

经互感器接入式计量装置（三相四线）新装实物图

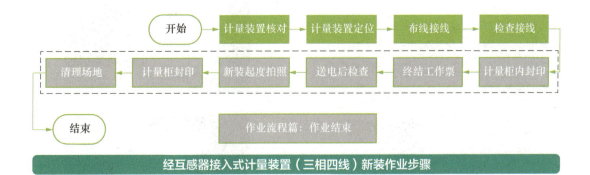

经互感器接入式计量装置（三相四线）新装作业步骤

1.计量装置核对

电能表核对

电能表核对

工作内容

◎ 按照《电能计量装接单》，现场核对户名、户号及新装电能计量器具（电能表、采集终端、接线盒和互感器）的规格、资产编号等内容，检查外观是否完好。

◎ 电能计量柜（箱、屏）是否符合计量装置、控制回路接入等安装技术要求。

控制回路检查

控制回路检查

互感器核对

互感器核对

2. 计量装置定位

（1）电能表、采集终端和接线盒定位。

① 观察电能计量柜（箱、屏），目测安装位置

② 试定位，电能表靠左上侧放置

③ 定好位，用油性笔标记

使用电钻时，严禁使用编织类防护手套。

④ 用手电钻在标记处打孔

⑤ 固定螺丝

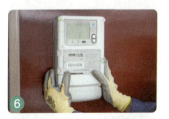

⑥ 将电能表挂在螺丝上并调整至垂直

⑦ 试放采集终端

⑧ 用油性笔标记

⑨ 在标记处打孔

（注：打孔时取下电能表）

⑩ 固定螺丝

⑪ 挂好电能表和采集终端

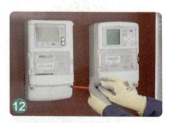

⑫ 拧下电能表和采集终端
表盖螺丝

13 取下电能表、采集终端表盖

14 调整垂直并标记位置

15 在电能表和采集终端正下方水平放置接线盒

16 卸下接线盒罩壳

17 用油性笔标记定位

18 取下电能表和采集终端后，在标记处打孔

19

挂好电能表和采集终端，拧紧固定螺丝

电压连接片开口向上

20

固定接线盒

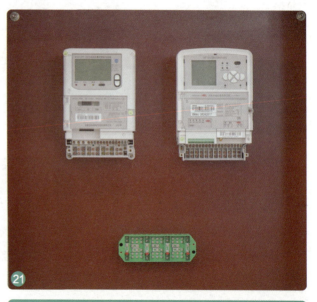

21

固定完毕

工艺要求：计量装置定位

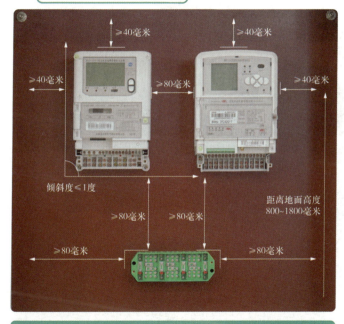

≥40毫米

≥40毫米

≥40毫米

≥80毫米

≥40毫米

倾斜度<1度

距离地面高度
800~1800毫米

≥80毫米   ≥80毫米

≥80毫米   ≥80毫米

计量装置定位要求

电能表/采集终端安装及要求

◎ 电能表安装必须水平排列、垂直牢固，倾斜度不大于1度。

◎ 电能表和现场信息采集终端间的最小距离应大于80毫米。

◎ 电能表与周围结构件之间的距离不应小于40毫米。

◎ 电能表宜装在距地面800~1800毫米的高度。

接线盒安装及要求

◎ 接线盒应水平放置，电压连接片开口向上。

◎ 接线盒与周围物体之间的距离不应小于80毫米。

◎ 接线盒罩壳与罩壳螺丝有可靠的防脱落措施。

（2）互感器定位。

拆除铜排

将互感器放置在固定件上

从后侧拧紧螺帽

将互感器套入铜排

固定铜排，放上垫片、弹簧垫圈

拧紧螺帽至弹簧垫圈压平

安装好所有互感器和铜排

工作要求

◎ 核对互感器资产编号、变比等信息，检查互感器外观完整性。

◎ 用万用表测量互感器一次、二次回路可靠性，同一组互感器的极性方向应一致，电压互感器一次侧所配的保护熔丝电阻大小应相同。

◎ 将互感器固定安装在构件上，互感器一次侧连接不应承受各方向拉力，相间应保持足够距离。

◎ 多绕组的电流互感器只用一个二次回路时，其余次级绕组应可靠短接并接地。

3. 布线接线

（1）零线接线。

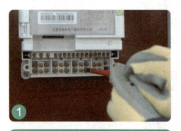

① 用螺丝刀将电能表、采集终端和接线盒上的接线柱螺丝旋松

② 预估零线长度，稍留余度

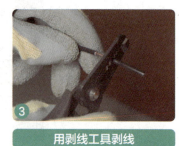

③ 用剥线工具剥线

（注意不要剥伤线芯，不要伤到手）

④ 将线头插入接线盒，并拧紧螺丝

⑤ 在适当的位置将导线折成90度

⑥ 导线左右弯折至水平

7 垂直对应接线端口处折成90度

8 量取剥线位置及长度，并剥线

9 插入电能表相应端口

10 拧紧螺丝

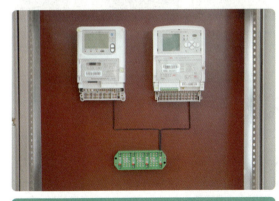

零线接线完毕

注意事项

◎ 接入导线不得露铜。

◎ 螺丝不得压在导线绝缘层上。

◎ 螺丝拧紧力度适中。

◎ 固定螺丝时，宜先固定内侧螺丝，再固定外侧螺丝。

◎ 当导线直径小于接线端子孔径较多时，应将导线线头对折，以便接触可靠。

（2）电流导线和电压导线接线。

① 预估剥线长度

② 剥线

③ 插进电能表相应端口

④ 依次旋紧内外侧螺丝

⑤ 布线弯线

⑥ 量取导线到接线盒接线端子长度

量取接线盒端剥线长度

截去多余导线并剥线

插入接线盒相应端口

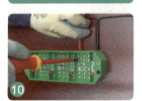

旋紧内外侧螺丝

C相电流导线安装完毕

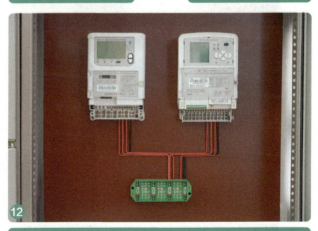

C相电压导线按照零线接线方法操作

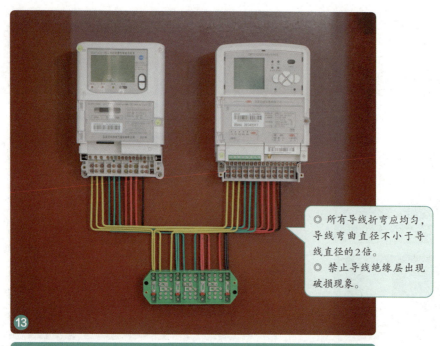

◎ 所有导线折弯应均匀，导线弯曲直径不小于导线直径的2倍。

◎ 禁止导线绝缘层出现破损现象。

按同样的方法连接好其余相电压导线和电流导线

（3）互感器接线。

1）安装中性线。

剥线

先反向折弯线芯至90度，打弯做头

放上线头

放上垫片和弹簧线圈

放上螺帽并拧紧

互感器零线接线完成

2）安装电压导线。

① 量取剥线长度并剥线

② 打弯做头

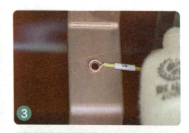

③ 放上线头

④ 放上垫片和螺帽

⑤ 拧紧固定

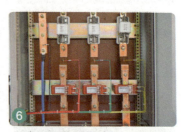

**⑥ 以同样的方式接好
其他相电压导线**

工艺要求：连接件处理

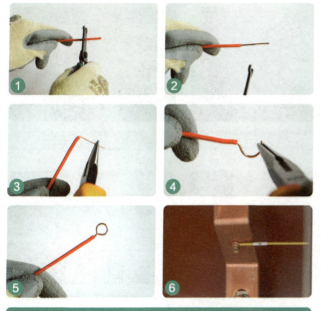

单股导线连接处理

单股导线连接处理。

◎ 导线与电器元件接线端子、母排连接时，应根据导线结构及搭接对象分别处理。

◎ 单股导线与电器元件接线端子、母排连接时，导线端剥去绝缘层弯成压接圈后进行连接；压接圈的形状与螺栓大小匹配，其弯曲方向必须与螺栓拧紧方向一致，导线绝缘层不得压入垫圈内。

3）安装电流导线。

① 卸下互感器罩壳和接线螺丝

② 量取剥线长度并剥线

③ 插入导线

④ 打弯做头

⑤ 拧紧接线螺丝

⑥ 装上接线螺丝和互感器
防窃电罩壳

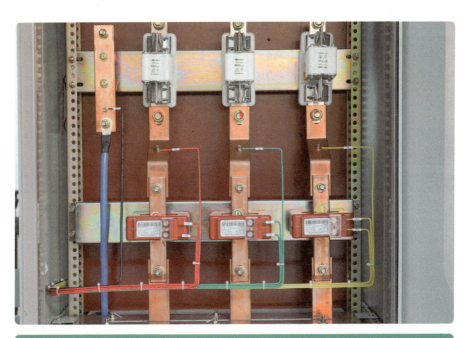

接好其余相电流导线

工艺要求：导线扎束

扎束导线

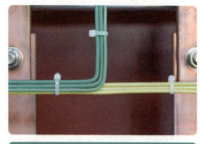

导线扎束工艺要求

扎束：

◎ 导线应采用塑料捆扎带扎成线束，扎带尾线应修剪平整。

◎ 导线在扎束时必须把每根导线拉直，直线放外档，转弯处的导线放里档。

◎ 导线转弯应均匀，转弯弧度不得小于线径的2倍，禁止导线绝缘层出现破损现象。

◎ 导线的扎束必须做到垂直、均匀、整齐、牢固、美观。

距离：

◎ 捆扎带之间的距离：直线为100毫米，转弯处为50毫米。

工艺要求：线束敷设

线束敷设工艺要求

固定线束

固定：

◎ 线束要用塑料线夹或塑料捆扎带固定。

◎ 固定点之间的距离横向不超过300毫米，纵向不超过400毫米。

◎ 线束不允许有晃动现象。

◎ 线束的敷设应做到横平竖直、均匀、整齐、牢固、美观。

顺序：

◎ 线束的走向原则上按横向对称敷设，当受位置限制时，允许竖向对称走向。

◎ 电压、电流回路导线排列顺序应正相序，黄（A）、绿（B）、红（C）色导线按自左向右或自上向下顺序排列。

工艺要求：方向套制作

长度：

◎ 方向套字码应采用线缆标志印制机印制，方向套长度为（20±2）毫米。

标号：

◎ 方向套的字迹应清晰、整齐。

◎ 导线接线两端应套上具有标号的方向套，方向套应套在导线头两端的绝缘层上。

◎ 方向套的标号应与二次接线图完全一致，方向应与视图标示方向一致。

位置：

◎ 方向套水平放置时，字码应从左到右排列，同排的方向套应上下对齐。

◎ 方向套垂直放置时，字码应从上到下排列，同排的方向套应左右对齐。

方向套长度（20±2）毫米

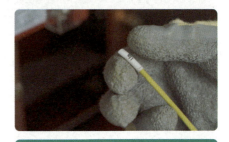

方向套制作工作要求

4）接线盒下端接线。

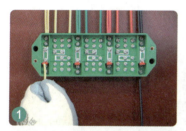

布线并量取剥线长度

剥线

将导线插入接线盒相应端口

先固定内侧螺丝

再固定外侧螺丝

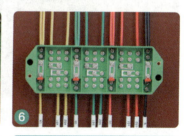

按同样的方法接好其余相电压
导线、电流导线和零线

工艺要求：二次回路走线

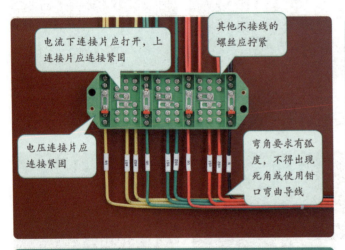

电流下连接片应打开，上连接片应连接紧固

其他不接线的螺丝应拧紧

电压连接片应连接紧固

弯角要求有弧度，不得出现死角或使用钳口弯曲导线

二次回路走线工艺要求

◎ 二次回路走线要合理、整齐、美观。

◎ 二次导线接入端子圆环弯曲方向应与螺钉旋入方向相同，导线芯不能裸露在接线桩外。

◎ 二次回路的导线中间不得有接头，绝缘不得有损伤，导线与端钮连接必须拧紧，接触良好。

◎ 螺丝内侧拧紧，外侧力度适中，不能伤导线。

（4）安装RS-485通信线。

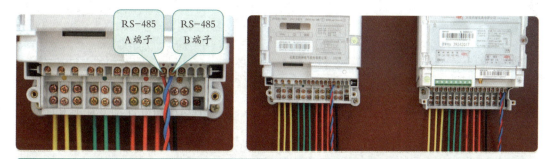

安装RS-485通信线

注意要点

◎ 连接时，电能表RS-485A端子连接终端RS-485A端子，电能表RS-485B端子连接终端RS-485B端子。

◎ RS-485连接导线宜采用双绞线。

（5）安装跳闸回路控制线。

一端接入电能表跳闸回路控制线端口

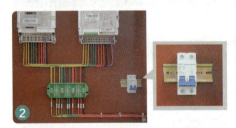

另一端接入控制开关

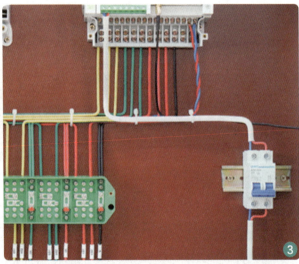

完成跳闸回路控制线安装

（6）安装天线。

| 连接天线 | 固定天线 | 整理天线 |

4. 检查接线

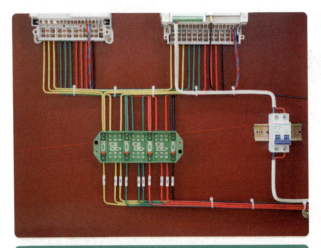

检查所有接线

检查内容

◎ 检查电能表、采集终端、互感器、接线盒接线是否正确、规范、牢固。

◎ 检查接线盒电流、电压连接片是否在运行位置。

◎ 检查连接互感器、电能表、接线盒的导线有无露铜现象，螺丝不能压导线绝缘层。

◎ 检查所有紧固件是否拧紧。

◎ 检查二次计量回路情况，电压、电流互感器的极性端是否正确。

◎ 检查终端天线是否拧紧。

工作内容

检查完毕，若未发现问题和错误，扎束导线，装上电能表、采集终端和接线盒罩壳。

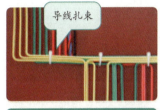

导线扎束

导线扎束

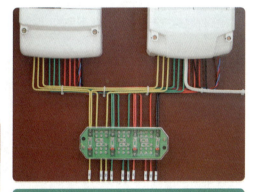

完成接线

安装表盖

安装表盖

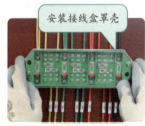

安装接线盒罩壳

安装接线盒罩壳

三相四线高供低计接线注意事项

◎ 导线应采用铜质绝缘导线，电流二次回路截面积不应小于4平方毫米，电压二次回路截面积不应小于2.5平方毫米。

◎ 连接前采用500伏绝缘电阻表测量线路绝缘电阻值，绝缘电阻值应符合要求。

◎ 校对电压和电流互感器计量二次回路导线，并分别编码标识。

◎ 多绕组的电流互感器应将剩余的组别可靠短路，多抽头的电流互感器严禁将剩余的端钮短路或接地。

◎ 三相四线接线方式电流互感器的二次绕组与联合接线盒之间应采用六线连接。

◎ 导线应尽量避免交叉，严禁导线穿入闭合测量回路中，影响测量的准确性；所有螺钉必须紧固，不接线的螺钉应拧紧。

◎ 导线与接点的连接：

  电能表、采集终端必须一个孔位连接一根导线。

  当需要连接两根导线如用圆形圈接线时，两根线头间应放一只平垫圈，以保证接触良好。

◎ 互感器二次回路每只接线端螺钉不能超过两根导线。接线盒的进线端导线与互感器连接的导线应留有余度。

◎ 固定与互感器连接的母排时，连接处必须自然吻合，接触良好。

（二）经互感器接入式计量装置（三相四线）更换

经互感器接入式计量装置（三相四线）更换作业步骤

1. 电能表核对

①

检查计量装置

②

核对电能表

③

检查表柜封印

④

解开封印

工作内容

◎ 按照《电能计量装接单》，现场核对户名、户号及新装电能计量器具的规格、资产编号等内容，检查外观是否完好。

◎ 检查电能表、采集终端显示是否正常。

◎ 拆除封印前，要检查封印是否完好。

◎ 使用移动作业终端，对现场情况进行拍照并上传到营销系统。

① 打开计量柜门

② 检查内部接线

③ 拆掉接线盒上的封印

④ 卸掉接线盒罩壳

工作内容

◎ 打开电能计量柜（箱、屏）门，对内部计量装置进行检查。

◎ 检查互感器到接线盒、接线盒到电能表及采集终端的接线及封印是否正确、完好。

◎ 检查互感器、接线端子、端钮有否松动、发热及烧毁。

◎ 如有异常，应立即向上级汇报等候处理，在没有得到许可前应保护现场，不得擅自离开。

2. 短接电流上连接片

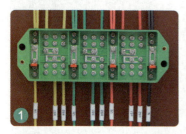

① 电流连接片工作状态

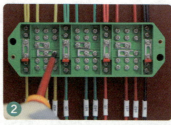

② 旋松下连接片上的螺丝

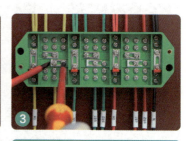

③ 向右短接连接片，并旋紧螺丝

短接电流上连接片

3. 客户确认止度

客户确认止度

用移动作业终端拍照，保存电能表相关信息

记录旧电能表止度，拆表时间以及用电负荷

4. 断开电压连接片

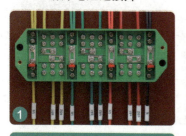

电压连接片工作状态

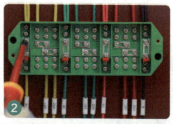

旋松电压连接片螺丝，
使连接片落下

旋紧连接片下螺丝

逐相断开电压连接片

工作内容

◎ 三相四线计量装置先逐相
断开相线，后断开零线。

◎ 三相三线计量装置先断开
A、C相，再断开B相。

5. 验电

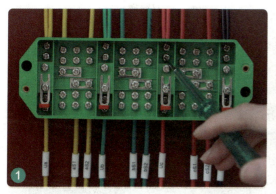

逐相检查接线盒电压连接片上部是否有电压

逐相检查接线盒上部各相电流值是否接近于零

工作内容

◎ 带电更换时，确认接线盒上部无电压、电流值接近为零，方可拆除电能表。

◎ 验电完毕，罩上接线盒罩壳，防止工作时误碰带电部位。

6. 拆除旧电能表

拆除电能表上的封印

卸下表盖

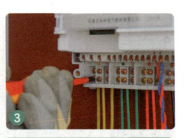

旋松电能表接线螺丝

取出导线

旋松电能表固定螺丝

取下旧电能表

7. 新电能表接线

1 固定新电能表

2 根据表盖内接线图，将导线接入新电能表相应端口

> 宜先拧紧内侧螺丝，再拧紧外侧螺丝

3 固定导线，拧紧内外侧螺丝

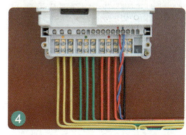

4 新电能表接线完成

8. 闭合电压连接片

① 旋松电压连接片上方螺丝

② 向上闭合连接片

③ 旋紧电压连接片上下螺丝

④ 逐相闭合电压连接片

工作内容

◎ 闭合电压连接片时，先闭合零线，再闭合相线。

◎ 观察电能表、终端是否有显示，显示是否正确。

9. 断开电流下连接片

旋松下连接片螺丝

向左断开连接片

旋紧螺丝

断开电流下连接片

逐相断开电流下连接片（注意观察是否有火花产生，如有火花应迅速短接并检查线路）

10. 更换后检查计量装置

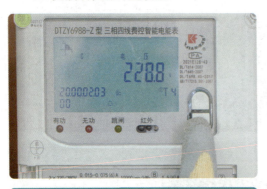

检查计量装置

工作内容

◎ 记录电能表更换结束时间。

◎ 检查接线是否正确。

◎ 检查电压、电流、相序、电能表起度、时间、时段、采集设备信号等是否正常。

记录更换结束时间

检查接线

110

二 高供高计现场作业

（一）经互感器接入式计量装置（三相三线）新装

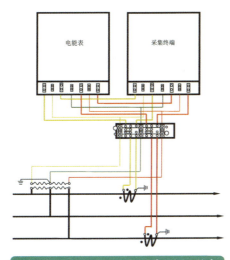

经互感器接入式计量装置（三相三线）
新装接线原理图

经互感器接入式计量装置（三相三线）
新装实物图

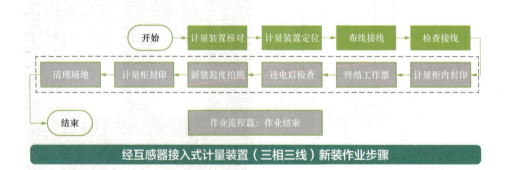

开始 → 计量装置核对 → 计量装置定位 → 布线接线 → 检查接线

清理场地 ← 计量柜封印 ← 新装起度拍照 ← 送电后检查 ← 终结工作票 ← 计量柜内封印

结束

作业流程篇：作业结束

经互感器接入式计量装置（三相三线）新装作业步骤

1. 计量装置核对

工作内容

◎ 工作班成员根据装拆工作单核对客户信息，电能表、互感器铭牌内容和有效检验合格标志，防止因信息错误造成计量差错。

◎ 按照《电能计量装接单》，现场核对户名、户号及新装电能计量器具（电能表、采集终端、接线盒和互感器）的规格、资产编号等内容，检查外观是否完好。

◎ 计量柜（箱）是否符合计量装置、控制回路接入等安装技术要求。

控制回路检查

控制回路检查

互感器核对

互感器核对

2. 计量装置定位

工作内容

操作步骤参考"高供低计现场作业——经互感器接入式计量装置（三相四线）新装"步骤2。

注意事项

◎ 电能表、采集终端安装应垂直牢固，电压回路为正相序，电流回路相位正确。

◎ 每一回路的电能表、采集终端应垂直或水平排列，端子标志清晰正确。

◎ 电能表间的最小距离应大于80毫米，单相电能表间的最小距离应大于30毫米。

◎ 电能表、采集终端与周围壳体结构件之间的距离不应小于40毫米。

◎ 电能表、采集终端室内安装高度为800～1800毫米（电能表水平中心线距地面距离）。

◎ 电能表、采集终端中心线向各方向的倾斜度不大于1度。

◎ 金属外壳的电能表、采集终端装在非金属板上，外壳必须接地。

◎ 采集终端的安装应按图施工，采集终端与电能表间的RS-485接口的连接必须一一对应，外接天线应固定在信号灵敏的位置。

3. 布线接线

（1）电压导线接线。

用螺丝刀将电能表、采集终端和接线盒上的连接柱螺丝拧松

预估导线长度，稍留余度

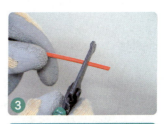

用剥线工具剥线

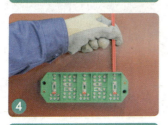

将线头插入接线盒

拧紧螺丝

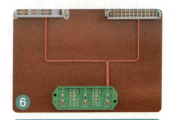

将导线弯折，弯折处应为90度，量取剥线位置及长度

⑦ 截取导线后剥线

⑧ 插入电能表对应电压导线端口，拧紧螺丝

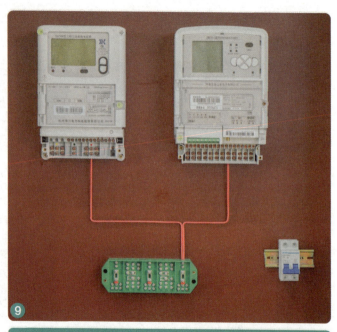

⑨ 完成电压导线的接线工作

（2）电流导线接线。

① 预估剥线长度

② 剥线后插入电能表相应端口，依次旋紧内外侧螺丝

③ 另一端接入接线盒，截去多余导线并剥线

④ 插入接线盒相应端口，旋紧螺丝

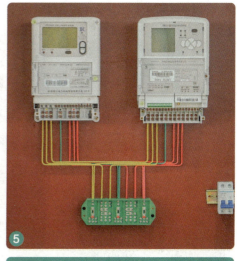

⑤ 完成电流导线安装

（3）互感器接线。

1）安装接电线。

量取长度

剥线

打弯做头

**放上线头，拧紧电压
互感器出线侧螺丝**

另一侧接入接地端子

完成接地线安装

A相电流互感器出线接地

另一侧接入接地端子

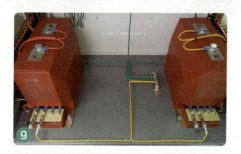

完成电流互感器接地

2）安装电压互感器B相短接线。

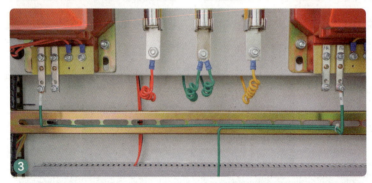

安装电压互感器B相短接线

3）安装电压导线。

弯折导线

固定电压导线两端螺丝

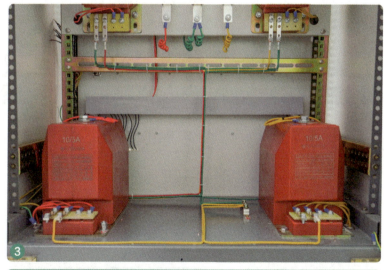

完成A、C相电压导线接线

4）安装电流导线。

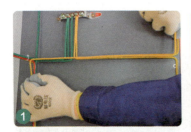

弯折导线

导线一头和接地线接在
同一个端子上

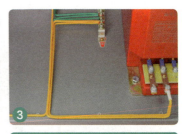

完成电流导线接线

完成互感器接线

（4）安装RS-485通信线。

① 量取合适长度

② 安装RS-485通信线

RS-485A端子　　RS-485B端子　　RS-485A端子　　RS-485B端子

对应连接电能表与终端端子

（5）安装跳闸回路控制线。

① 终端接入跳闸回路控制线

② 另一端接入控制开关

③ 控制开关和跳闸回路端子相连

④ 完成跳闸回路控制线接线

（6）安装天线。

| 连接天线 | 放置天线 | 整理天线 |

4. 检查接线

检查内容

◎ 检查电能表、采集终端、互感器、接线盒接线是否正确、规范、牢固。

◎ 检查接线盒电流、电压连接片是否在运行位置。

◎ 检查连接互感器、电能表、接线盒的导线有无露铜现象，螺丝不能压导线绝缘层。

◎ 检查所有紧固件是否拧紧。

◎ 检查熔丝与整个二次计量回路情况，电压互感器（高供高计）、电流互感器的极性端是否正确。

◎ 检查终端天线是否拧紧。

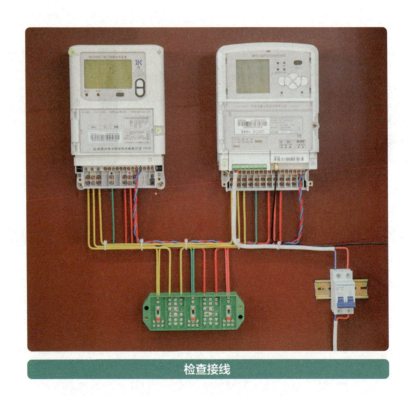

检查接线

三相三线高供高计新装注意事项

◎ 导线应采用铜质绝缘导线，电流二次回路截面不应小于4平方毫米，电压二次回路截面不应小于2.5平方毫米。

◎ 连接前采用500伏绝缘电阻表测量绝缘电阻值，其绝缘电阻值应符合要求。

◎ 校对电压和电流互感器计量二次回路导线，并分别编码标识。

◎ 多绕组的电流互感器应将剩余的组别可靠短路，多抽头的电流互感器严禁将剩余的端钮短路或接地。

◎ 三相三线接线方式电流互感器的二次绕组与联合接线盒之间应采用四线连接。

◎ 导线应尽量避免交叉，严禁导线穿入闭合测量回路中，影响测量的准确性，所有螺钉必须紧固，不接线的螺钉应拧紧。

◎ 导线与接点的连接：

电能表、采集终端必须一个孔位连接一根导线。

当需要连接两根导线如用圆形圈接线时，两根线头间应放一只平垫圈，以保证接触良好。

互感器二次回路每只接线端螺钉不能超过两根导线。接线盒的进线端的导线与互感器连接的导线应留有余度。

◎ 固定与互感器连接的母排时，连接处必须自然吻合，接触良好。

◎ 高压互感器二次回路均应只有一处可靠接地。星形接线电压互感器应在中性点处接地，V—V接线电压互感器在B相接地。

（二）经互感器接入式计量装置（三相三线）更换

经互感器接入式计量装置（三相三线）更换作业步骤

1. 电能表核对

① 核对电能计量装置信息

② 检查封印是否完好，并拆除封印

③ 打开计量柜门，现场对内部计量装置进行检查

④ 检查互感器到接线盒、接线盒到电能表及采集终端的接线是否正确、完好

⑤ 拆掉接线盒上的封印

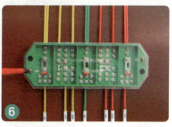

⑥ 卸掉接线盒罩壳

2. 短接电流下连接片

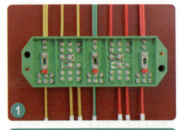

① 电流连接片工作状态

② 旋松下连接片上的螺丝

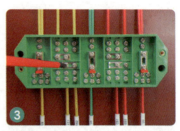

③ 向左短接连接片，并旋紧螺丝

④ 逐相短接电流下连接片

3. 断开电压连接片

① 电压连接片工作状态

② 旋松电压连接片螺丝，使连接片落下

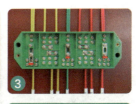

③ 旋紧连接片下螺丝

④ 逐相断开电压连接片

工作内容

◎ 客户确认止度后断开电压连接片。

◎ 三相四线计量装置先逐相断开相线，后断开零线。

◎ 三相三线计量装置先断开A、C相，再断开B相。

4. 验电

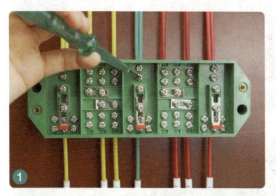

①

逐相检查接线盒电压连接片上是否有电压

②

逐相检查接线盒上各相电流是否接近于零

注意事项

◎ 带电更换时，确认接线盒上部无电压、电流接近为零，方可拆除电能表。

◎ 验电完毕，罩上接线盒罩壳，防止工作时误碰带电部位。

5. 拆除旧电能表

① 拆除电能表上的封印

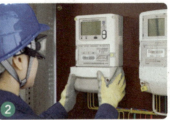

② 卸下表盖

③ 旋松电能表接线螺丝

④ 旋松电能表固定螺丝

⑤ 取出导线

⑥ 取下旧电能表

6. 新电能表接线

① 固定新电能表

② 根据表盖内接线图，将导线接入新电能表相应端口

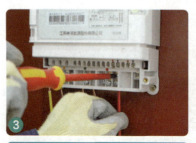

③ 固定导线，拧紧内外侧螺丝

④ 新电能表接线完成

7. 逐相闭合电压连接片

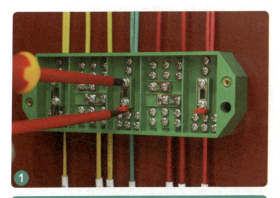

① 向上闭合连接片，旋紧电压连接片上下螺丝

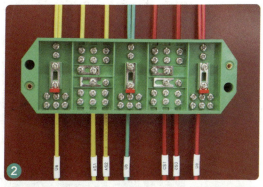

② 逐相闭合电压连接片

注意事项

◎ 闭合电压连接片时，先闭合B相线，再闭合A、C相线。

◎ 观察电能表、采集终端是否有显示，显示是否正确。

8. 断开电流下连接片

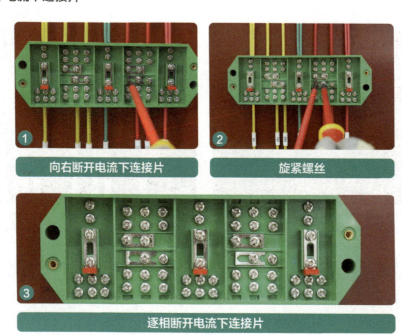

① 向右断开电流下连接片

② 旋紧螺丝

③ 逐相断开电流下连接片

9. 更换后检查计量装置

① 更换电能表后检查

② 安装电能表表盖

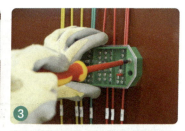

③ 安装接线盒罩壳

检查内容

◎ 记录电能表更换结束时间。

◎ 检查接线是否正确。

◎ 检查电压、电流、相序、电能表起度、时间、时段、采集设备信号等是否正常。

三 低供低计现场作业

（一）直接接入式计量装置（三相四线）新装

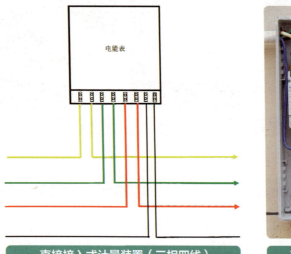

直接接入式计量装置（三相四线）
新装接线原理图

直接接入式计量装置
（三相四线）新装实物图

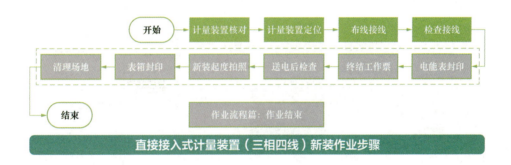

直接接入式计量装置（三相四线）新装作业步骤

1. 计量装置核对

操作步骤

◎ 按照《电能计量装接单》，现场核对户名、户号以及新装电能计量器具的规格、资产编号等内容，检查外观是否完好。

◎ 打开柜门，检查预装好的设备、导线等是否符合标准。

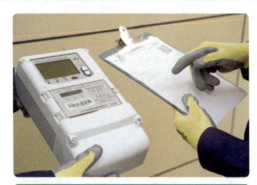

检查新装电能表的规格等

检查预装设备、导线等是否符合标准

2. 计量装置定位

工作内容

◎ 参考"高供低计计量装置定位"内容。

◎ 将万用表挡位置于电阻挡后短路测试笔，查看电阻是否为"0"。

◎ 检查新电能表电流回路通断情况，电阻应为"0"；如为无穷大，表示电流回路开路，不能安装。

卸下表盖

测试万用表

检查新电能表内电流回路通断情况

④ 挂上电能表，确认与表位吻合

⑤ 拧紧固定螺丝，固定电能表

工艺要求：计量装置定位

计量装置定位示意

注意事项

◎ 电能表的安装位置必须水平排列、垂直牢固，倾斜不大于1度。

◎ 三相电能表间的最小距离应大于80毫米，单相电能表间的最小距离应大于30毫米。

◎ 电能表与周围结构件之间的距离不应小于40毫米。

◎ 电能表宜装在距地面800～1800毫米的高度。

安全注意要点

◎ 电动工具的金属外壳必须可靠接地，并装有剩余电流动作保护器，禁止将临时电源线裸露插入插座中或裸露挂钩在电源开关上。

注：建议使用直流式充电电钻。

3. 布线接线

（1）布线。

导线

工作内容

◎ 按规范要求选取相应型号规格的导线。

◎ 绝缘导线表面应光滑、色泽均匀，无纽结、断股、断芯，绝缘层无破损。

◎ 确定线路走向（首先考虑安全距离，其次考虑工艺美观）。

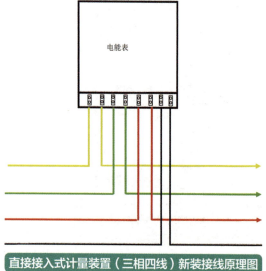

直接接入式计量装置（三相四线）新装接线原理图

（2）零线接线。

① 预估零线长度

② 截取零线

③ 电工刀剥线

④ 保留1.5~2厘米的长度

⑤ 拧紧线头

⑥ 根据布线位置，弯折导线

⑦ 拧紧螺丝

⑧ 零线接线完毕

（3）进线侧相线接线。

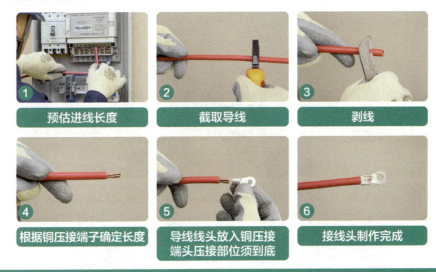

| ① 预估进线长度 | ② 截取导线 | ③ 剥线 |
| 根据铜压接端子确定长度 | ⑤ 导线线头放入铜压接端头压接部位须到底 | ⑥ 接线头制作完成 |

注意事项

◎ 剥线必须用专业工具，按实际需要截取导线；剥线时刀口朝外，不要冲人，不要剥伤线芯。

◎ 压接钳压接的范围为铜压接端头压接部位，禁止将导线绝缘层压入端头内。

装表接电 第三版

注意事项

◎ 电能表每个接线端子只能连接一根导线。

◎ 直接接入式电能表如选择的导线过粗时，应采取断股后再接入电能表端钮盒的方式。

◎ 剥线时，应用力均匀，不损伤线芯。

在接口处包裹绝缘套

一端接到相线端子上

拧紧螺丝

相线另一端插入电能表相线端子

拧紧螺丝

完成其余相电能表进线接线

注意事项

◎ 当导线直径小于接线端子孔径较多时，应在接入导线上加扎线后再接入。

◎ 接入的导线不得有露铜现象，螺丝不得压在导线绝缘层上。

◎ 确定电压线圈取样连接片位置正确、螺丝拧紧。

工艺提升：多股导线压接

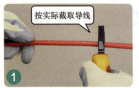

按实际截取导线

①

线头长度2~3毫米

②

根据铜压接端子长度确定

③

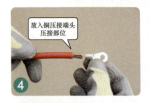

放入铜压接端头压接部位

④

挤压成型

⑤

多股导线压接

规范要求

多股导线与电器元件接线端子、母排连接时，导线端剥去绝缘层、压接与导线截面和连接螺栓相匹配的铜压接端头。

压接工艺和要求如下：

◎ 按实际需要截取导线，导线端剥去绝缘层，线头长度为压接后线头外露端头2～3毫米；修平断口。

◎ 将已处理的线头放入铜压接端头压接部位到底，使用相应的冷压压接钳钳口挤压成形。

◎ 压接钳压接的范围为铜压接端头压接部位；禁止将导线绝缘层压入端头内。

◎ 直接接入式电能表采用多股绝缘导线，导线截面应按电能表容量选择。

（4）电能表出线侧接线。

① 预估出线长度

② 截取导线

③ 剥线并接线

④ 以同样的方式完成其他相出线接线

（5）RS-485通信线接线。

① 固定载波采集器

② 接入采集设备的RS-485通信线

（6）进户线接线。

① 剥线后搭接进户零线

② 完成进户相线搭接上桩头

注意事项

◎ 拉攀离地距离应不少于2.7米。

◎ 检查集束导线应确认绝缘无破损。

◎ 固定拉攀时必须有工作人员扶住梯子。

③ 用电锤打好有限拉攀的固定孔洞，用膨胀螺栓固定拉攀

④ 展放集束导线，进行外观检查，进户处预留适当长度

⑤ 用集束耐张线夹固定在拉攀上

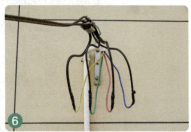

⑥ 弯折出防水弯

⑦ 把集束导线人力拉紧后绑在电杆上

⑧ 用紧线器卡住导线

⑨ 收紧紧线器，使导线拉紧到适当弧度

⑩ 用集束耐张线夹固定在拉线抱箍上

⑪ 在电杆上把集束导线尾部留出与架空线路搭接的适当长度

⑫ 用电工刀剥去绝缘层，去掉氧化层，涂上导电脂，再用并沟线夹与架空导线搭接

注意事项

◎ 装接过程中物品使用绳索和布袋传递至杆上作业人员。

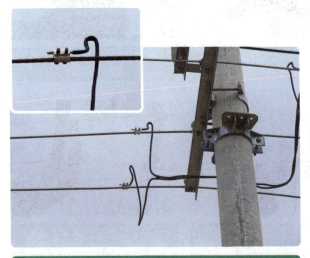

套上绝缘罩，对每根集束导线搭接处做好防雨弯

物品使用布袋传递至杆上

4. 检查接线

逐相检查接线

安装表盖

固定表盖

注意事项

工作完毕后，工作人员应对所有安装的电能计量装置进行逐相检查：

◎ 检查电能表接线安装是否正确、规范、牢固。

◎ 检查所有紧固件是否拧紧。

◎ 检查完毕，若未发现问题和错误，装上电能表表盖。

装表接电 第三版

（二）直接接入式计量装置（三相四线）更换

直接接入式计量装置（三相四线）更换作业步骤

158

1. 电能表核对

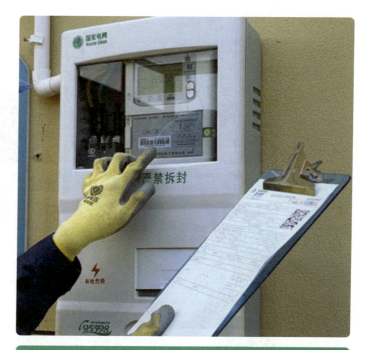

现场核对表计信息

工作内容

按照《电能计量装接单》，现场核对户名、户号以及新装电能计量器具的规格、资产编号等内容，检查外观是否完好。

2. 客户确认止度

检查表箱封印

拆除表箱封印

打开表箱门

用移动作业终端拍照记录
电能表相关信息

3. 验电

先断开用户侧开关

再断开进线侧开关

验电

工作内容

◎ 断开开关时，应佩戴低压作业防护手套。

◎ 验电时不能戴手套，严禁触及验电笔前段金属部分。

4. 开始更换

检查电能表封印并拆除

卸下表盖螺丝

取下表盖

拆下RS-485通信线

拧松接线螺丝

拆下固定螺丝

| ⑦ 取下旧电能表 | ⑧ 逐相接入新电能表，完成安装 |

四 低压光伏现场作业

本节以380伏低压光伏装接为例，作业步骤可参考低供低计直接接入式计量装置（三相四线）安装。

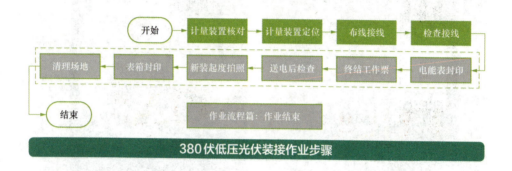

380伏低压光伏装接作业步骤

扫码学习更多
分布式光伏装
接知识

（一）余电类低压（380伏）光伏项目计量装置安装

1. 基本信息

光伏系统通过并网配电箱接入用户内部，并网电压等级为 380 伏，发电消纳方式为自发自用余电上网。

2. 接入方案及配置要求

（1）接入方案。

光伏系统通过并网配电箱接入用户原有计量表计用户侧。

（2）电能计量及信息采集。

◎ 在并网点及产权分界点各设置一套低压计量电能表，发电量关口计量表计（并网点）安装在接入箱体内，上网关口计量表计（产权分界点）安装于原有用户计量表箱内。

◎ 上网关口电能表应为双方向智能电能表，发电关口电能表应为单方向智能电能表，精度要求不低于2.0级。

◎ 采集器应具备电流、电压、电量等信息采集功能。

（3）简图。

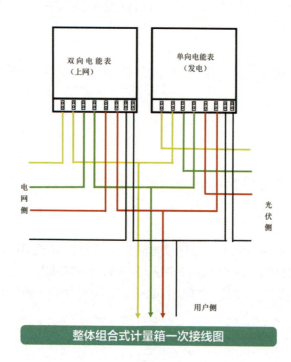

整体组合式计量箱一次接线图

（4）操作说明。

作业步骤参考"低供低计现场作业—直接接入式计量装置（三相四线）新装及更换"作业步骤。

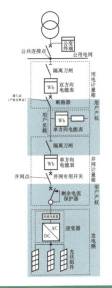

余电类低压光伏接入原理

余电类低压（380伏）光伏项目计量装置安装实物图

（二）全额类低压（380伏）光伏项目计量装置安装

1. 基本信息

◎ 光伏系统通过并网配电箱接入公共电网，并网电压等级为380伏，发电消纳方式为全额上网。

2. 接入方案及配置要求

（1）接入方案。

◎ 光伏系统通过并网配电箱接入公共电网。

（2）电能计量及信息采集。

◎ 在并网点及产权分界点各设置一套低压计量电能表，发电量关口计量表计（并网点）安装在接入箱体内，上网关口计量表计（产权分界点）安装于原有用户计量表箱内。

◎ 上网关口（发电关口）电能表应为双方向智能电能表，精度要求不低于2.0级。

◎ 采集器应具备电流、电压、电量等信息采集功能。

（3）简图。

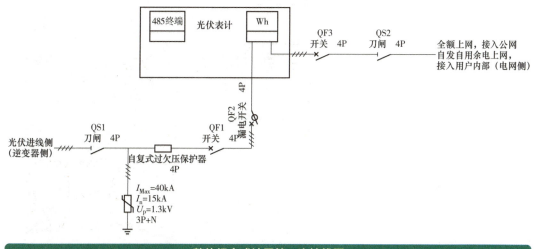

485终端　　光伏表计　　Wh

QF3
开关　4P

QS2
刀闸　4P

全额上网，接入公网
自发自用余电上网，
接入用户内部（电网侧）

QF2
4P

QS1
刀闸　4P

QF1
开关　4P

漏电开关
4P

光伏进线侧
（逆变器侧）

自复式过欠压保护器
4P

$I_{Max}=40kA$
$I_n=15kA$
$U_p=1.3kV$
3P+N

整体组合式计量箱一次接线图

（4）操作说明。

作业步骤参考"低供低计现场作业—直接接入式计量装置（三相四线）新装及更换"作业步骤。

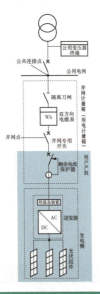

全额类低压光伏接入原理图

全额类低压（380伏）光伏项目计量装置安装实物图

Part 4

进阶提升篇 >>

　　进阶提升篇主要针对电能计量装置的现场校验、采集参数设置、常见故障处理和应急处理等重点、难点进行了介绍，旨在进一步提升计量工作人员现场作业能力和应急处置能力。

　　现场校验主要从业务流程、现场作业注意事项等方面进行详细介绍；采集参数设置以常用的采集终端和ERTU为内容进行介绍；常见故障主要包括计量装置接线故障和电能表、采集终端常见故障两大类；应急处理包括典型问题应对处理、现场急救处理、咬伤应急处理和人身损伤四大部分。

1　2　3　4

一 申请校验现场服务

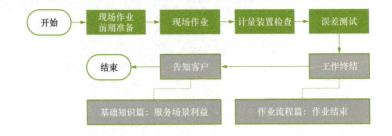

扫码学习更多
申请校验现场
服务知识。

（一）现场作业前期准备

1. 工作预约

工作内容

◎ 接到现场检验任务后，工作负责人应联系客户，与客户约定现场检验时间，在3个工作日内安排现场检验工作，并请客户在约定的时间到场。

联系客户约定时间

2. 打印检验记录单

工作内容

◎ 从营销业务系统中，打印校验申请表。

从系统中下载并打印校验申请表

国家电网 STATE GRID 你用电·我用心 Your Power Our Care	电能表、互感器校验申请表	95598 12398
客户基本信息		
户名		户号
用电地址		
经办人信息		
经办人		身份证号
固定电话		移动电话
业务选项		
业务类型　○现场校验　○非现场校验		
故障情况描述：		
特别说明： 本人特此声明以上所提供的资料完全属实。		
	客户签名（单位盖章）：　　　　年　　月　　日	
供电企 业填写	受理人：　　　　　　　　　　　　　流程编号： 受理日期：　　年　　月　　日　供电企业（盖章）：	
告知 事项	若客户申请检验经累计核准超过二次且不属于电网企业们的需又付校验费，检验后经其计误差超过国家标准，校验费将退还用户。	

校验申请表

3. 开具工作票

工作票填写与签发流程

◎ 工作票签发人或工作负责人依据工作任务填写并打印相应的工作票。

◎ 办理工作票签发手续。

工作票类型

◎ 变电站（发电厂）第二种工作票。

不需停电的35千伏及以上变电站、开关站、高供高计客户内开展电能表校验、电压互感器二次降压测量、二次负荷测量等单项作业。

◎ 配电第二种工作票。

不需停电的10（20）千伏开关站、高供高计客户内开展电能表校验、电压互感器二次降压测量、二次负荷测量等单项作业。

◎ 低压工作票。

380伏及以下低压线路、设备（不含在发电厂、变电站、配电室内的低压设备）上工作，不需要将高压线路、设备停电或做安全措施者的低压电能表现场检验。

4. 工具材料准备

工器具和仪器仪表安全要求

◎ 常用工具金属裸露部分应采取绝缘措施，并经检验合格。螺丝刀除刀口以外的金属裸露部分应用绝缘胶布包裹。

◎ 安全工器具应经检验合格并在有效期内。

◎ 仪器仪表应经检定合格，并贴有有效期内合格标签。

◎ 电能表现场校验仪准确度：0.1、0.2级。

◎ 钳形电流互感器：5～100A。

◎ 高压验电器根据不同电压等级配置1只。

◎ 可使用便携式钳形相位表。

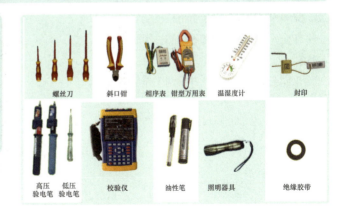

螺丝刀　斜口钳　相序表　钳型万用表　温湿度计　封印

高压　低压
验电笔　验电笔　校验仪　油性笔　照明器具　绝缘胶带

5. 现场派工

工作内容

◎ 工作人员应身体健康、精神状态良好。

◎ 作业人员应具备相应资格和技能要求。

◎ 作业人员个人工具和劳动防护用品应合格、齐全。

◎ 工作至少两人一组，并指定工作负责人。

保持饱满的精神状态

（二）现场作业

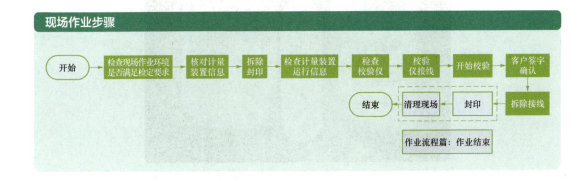

现场作业步骤

开始 → 检查现场作业环境是否满足检定要求 → 核对计量装置信息 → 拆除封印 → 检查计量装置运行信息 → 检查校验仪 → 校验仪接线 → 开始校验 → 客户签字确认 → 拆除接线 → 封印 → 清理现场 → 结束

作业流程篇：作业结束

1. 检查现场作业环境是否满足检定要求

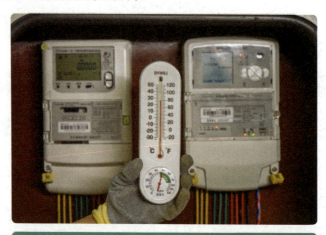

检查作业环境

检定要求

◎ 环境温度：（0~35）摄氏度之间。

◎ 相对湿度：＜85%。

2. 核对计量装置信息

工作内容

◎ 按照《电能表现场校验单》，现场核对户名、户号及电能计量器具的型号、规格、资产编号等内容，并检查外观是否完好。

◎ 检查电能计量装置计量柜（箱、屏）门、窗是否完好。

现场核对表计信息

检查外观是否完好

3. 拆除封印

工作内容

◎ 检查计量柜（箱、屏）前后门、电能表表盖、终端表盖、编程按钮盖板、联合接线盒及计量压变闸刀等位置封印是否完好。

① 检查表柜封印

② 拆除表柜封印

③ 检查表计封印

④ 检查终端封印

⑤ 拆除的封印回收

注： 如发现现场封印存在异常，通知电能计量装置管辖单位用电检查人员到现场会同处理。

4. 检查计量装置运行信息

检查各费率电量之和与总电量是否相等

检查时间及时段是否正常

检查电能表失压信息

检查终端运行情况

工作内容

◎ 检查电能表显示是否正常。

◎ 抄录电能表示数，检查有分时计度功能的电能表示数，其总及各时段示数是否正常。

◎ 检查电能表电压、电流、功率、功率因数等实时工况是否正常。

◎ 核查电能表时段、结算日、需量周期是否正确。

◎ 检查电能表日期、时间是否准确。

◎ 检查电能表电池是否欠压。

◎ 检查电能表是否失压，查阅失压历史记录。

◎ 检查现场终端运行状况：

  检查运行的实时工况，如电压、电流、功率、功率因数与电能表实时工况比对。

  检查网络通信状况是否完好，如液晶显示窗口、无线网络登录是否正常。

  检查终端与电能表接线是否正确，终端门节点开闭功能是否完好。

  检查终端是否存在异常告警。

5. 检查校验仪

工作内容

◎ 将电流、电压专用试验线分别接入现场校验仪电流、电压端子，用万用表电阻档（电压回路用最大档）检查电能表现场校验仪电压、电流回路是否正常。

校验仪本机接线

开机

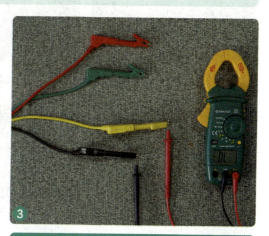

校验仪电压回路检查

6. 校验仪接线

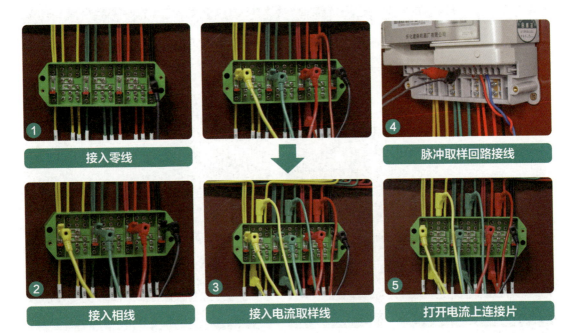

① 接入零线

② 接入相线

③ 接入电流取样线

④ 脉冲取样回路接线

⑤ 打开电流上连接片

7. 开始校验

◎ 单相电能表校验

单相电能表现场实负荷（在线）校验

◎ 接线：

电压接线：电压线一头插入仪器电压接口，另一头电压夹连接电能表零线火线端子。电能表火线接入仪器电压U+端，电能表零线接入仪器电压U-端，即红色电压夹夹在电能表火线端子上（进火线、出火线均可），黑色电压夹夹在电能表零线端子上。

钳表线：钳表线一头插入仪器钳表接口，另一头钳表端夹在电能表火线上。当仪器从进火线上取电压时，钳表应夹到出火线上；当仪器从出火线上去电压时，钳表应夹到进火线上。

脉冲线：脉冲线一头插入仪器脉冲接口，另一头连接电能表脉冲端子。单相电能表脉冲端子一般写在表盖上。

◎ 按下仪器端子开机键开机。

◎ 设置校验参数。

"电能表等级"根据实际校验电能表等级设置；"输入"设置为"50A钳表"；"常数"根据实际校验电能表常数设置；"N"为脉冲数，根据实际需要设置。

◎ 设置完毕，按"确认"键开始校验。

◎ 将校验结果录入移动作业终端的工单中，并拍照上传。

注意事项

◎ 测定次数一般不得少于2次，取误差平均值作为实际误差，但对有明显错误的读数应该舍去。当实际误差在最大允许值的80%~120%时，应至少再增加2次测量，取多次测量数据的平均值作为实际误差。

◎ 记录测定的误差原始数据，按要求进行数据化整。

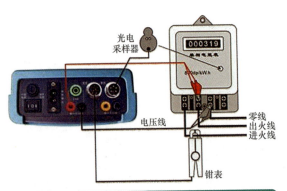

单相电能表现场实负荷校验接线示意图

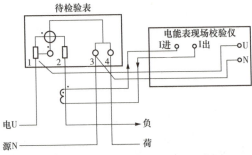

单相电能表现场校验接线图

·单相电能表现场无负荷校验

工作内容

◎ 接线步骤除接线外其余同"单相电能表现场实负荷（在线）校验"。

◎ 操作步骤：将电压线、钳表线、脉冲线依次接好，再多接一条绿色的升流线。将升流线一头插入仪器"I-out"端口，另一头接到电能表的电压出线端子上。

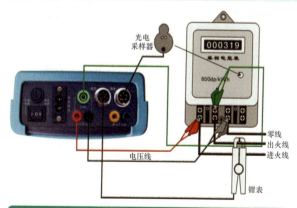

单相电能表现场无负荷校验接线示意图

◎ 三相电能表校验

· 三相三线电能表现场校验

工作内容

◎ 操作步骤除接线和参数设置外其余同"单相电能表现场无负荷校验"。

◎ 接线：仪器的U_a、U_c、COM电压端子分别接入所测电能表的U_a、U_c、U_b端，仪器a、c相电流端接入电能表I_a、I_c（b相的电压、电流线不要接到仪器上）；脉冲输入装置接入电能表光电插座，或将仪器脉冲端接入所测电能表脉冲端子，脉冲端子号标于表盖上。

◎ 设置校验参数："电能表等级"根据实际校验电能表等级设置；"输入"根据接线情况设置；"常数"根据实际校验电能表常数设置；"N"为脉冲数，根据实际需要设置。

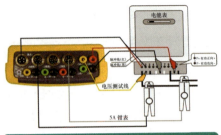

三相三线电能表现场校验接线示意图

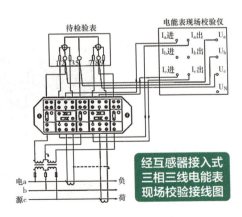

经互感器接入式三相三线电能表现场校验接线图

· 三相四线电能表现场校验

工作内容

◎ 操作步骤除接线和参数设置外其余同"单相电能表现场无负荷校验"。

◎ 接线：将仪器的 U_a、U_b、U_c、COM电压端子分别接入所测电能表 U_a、U_b、U_c、U_0端；仪器a、b、c相电流端接入电能表 I_a、I_b、I_c；脉冲输入装置接入电能表光电插座，或将仪器脉冲端接入所测电能表脉冲端子，脉冲端子号标于表盖上。

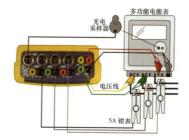

三相四线电能表现场校验接线示意图

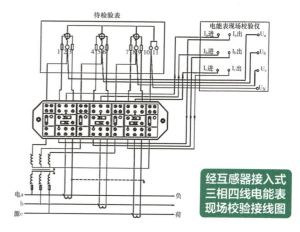

经互感器接入式三相四线电能表现场校验接线图

◎计量装置接线检查

工作内容

检查计量装置的相量关系：

◎ 根据现场校验仪显示的相量图或数据，与实际负荷电流及功率因数相比较，分析判断电能表的接线是否正确。如发现被校计量装置存在接线错误等故障，应立刻停止工作，并通知用电检查人员到现场会同处理。

检查实际负荷各项参数是否满足技术要求：

◎ 电压对额定值的偏差不应超过 ±10%。

◎ 频率对额定值的偏差不应超过 ±2%。

◎ 现场检验时，当负荷电流低于被检电能表标定电流的10%或功率因素低于0.5时，不宜进行误差测定，对于S级电能表为5%。

◎ 负荷相对稳定。

注：现场检验条件不满足校验条件时，告知客户择日现场检验。

8. 客户签字确认

请客户签字确认

工作内容

◎ 现场检验电能表的误差均应在其等级允许范围内，将检验结果（修正后误差）和有效期等有关项目填入现场检验记录单。当现场检测电能表的误差超过其等级指标时，应及时更换电能表，同时应填写详细的检验报告，现场严禁调表。

◎ 告知客户电能计量装置运行状况和误差测试情况，请客户在现场检验记录单上签字确认。

9. 拆除接线

① 拆除脉冲取样回路

② 短接电流上连接片

③ 取下电流取样线

④ 拆除电压线

⑤ 拆除零线

⑥ 关机，拆除校验仪本机接线

二 采集参数设置

（一）采集终端设置

1. 本地调试

本地调试仅用于未接入系统的本地连接，需设置通信地址、波特率、规约等参数。以CPMTTY2-SDDZ9300回路状态巡检仪为例，采集终端本地参数设置菜单如下：

◎ 按终端任意按键进入主菜单，按方向键选中参数定值，点击"确认"键进入参数定值界面。

◎ 按方向键选中配置参数，点击"确认"键进入配置参数界面。

◎ 按方向键选中常用参数设置，点击"确认"。

◎ 按方向键更改数字输入密码，直接按"确认"键。

◎ 按方向键选中电表档案设置，点击"确认"键。

◎ 按方向键选择配置序号，默认1号测量点直接确认。

◎ 点击"确认"键进入基本信息菜单。

◎ 设置终端本地通信参数，通过方向键选中需更改的参数，确认后按方向键设置相应参数。

终端本地通信参数设置

2. 远程调试

远程调试用于已接入采集系统的设备，下发参数、启用任务和方案。

（1）专用变压器终端。

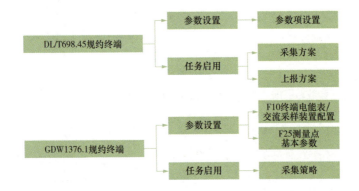

参数设置：以698规约终端为例

回路状态巡检仪，主站远程参数设置分别对测量点1、0进行参数设置后下发。

测量点0，分别设置：

通信地址	终端逻辑地址
通信速率	一般为9600
通信协议	DL/T698.45
端口	交流采样端口
端口号	1
电能费率个数	4
用户类型	0
采集器地址	终端逻辑地址
资产号	终端条形码
PT❶	电压互感器变比
CT❷	电流互感器变比

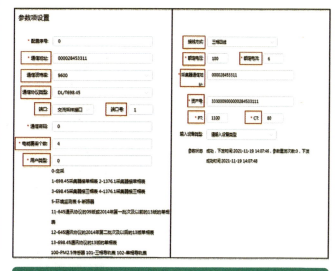

测量点为0的参数设置

---

❶ PT指电压互感器，其在国标中的电气设备文字符号为TV。

❷ CT指电流互感器，其在国标中的电气设备文字符号为TA。

装表接电 第三版

测量点1，分别设置：

通信地址	终端
通信速率	2400
通信协议	DL/T698.45&DL/T645—2007（由实际电表类型确定）
端口	RS-485端口
端口号	1&2（由实际接线端口确定）
电能费率个数	4
用户类型	3
PT	电压互感器变比
CT	电流互感器变比

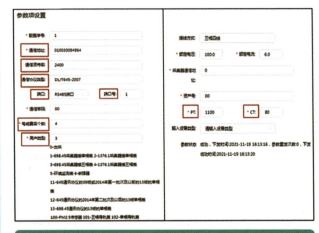

测量点为1的参数设置

主站任务配置分别配置采集方案、上报方案如下图:

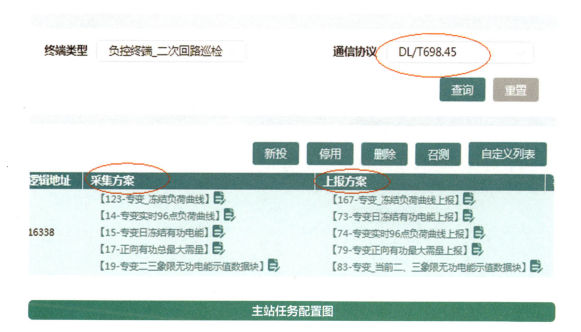

终端类型　负控终端_二次回路巡检　　　　通信协议　DL/T698.45

查询　重置

新投　停用　删除　召测　自定义列表

逻辑地址	采集方案	上报方案
16338	【123-专变_冻结负荷曲线】	【167-专变_冻结负荷曲线上报】
	【14-专变实时96点负荷曲线】	【73-专变日冻结有功电能上报】
	【15-专变日冻结有功电能】	【74-专变实时96点负荷曲线上报】
	【17-正向有功总最大需量】	【79-专变正向有功最大需量上报】
	【19-专变二三象限无功电能示值数据块】	【83-专变_当前二、三象限无功电能示值数据块】

主站任务配置图

（2）集中器。

以DJTH23-XL31110集中器I型（698.45规约终端）为例：

1）测量点参数设置如下。

测量点参数设置图

注意事项

上面的通信协议 DL/T 645—2007《电表通信协议》，应根据实际选择通信协议类型、用户类型交采：

1-698.45 采集器接单相表。

2-1376.1 采集器接单相表。

3-698.45 采集器接三相表。

4-1376.1 采集器接三相表。

5-环境监测表。

6-断路器。

11-645 通信协议的 09 版或 2014 年第一批次及以前的 13 版的单相表。

12-645 通信协议的 2014 年第二批次及以后的 13 版单相表。

13-698.45 通信协议的 13 版的单相表。

100-PM2.5 传感器。

101-三相导轨表。

102-单相导轨表。

2）任务设置同样分为采集方案和上报方案。

任务设置示意图

以DJTL33-SX4632D 集中器Ⅱ型（698.45规约）为例：
参数设置、任务设置与DJTH23-XL31110 集中器Ⅰ型（698.45规约）一致。

| **参数设置示意图** | **任务设置示意图** |

（二）ERTU 设置

ERTU-3000A/B/C 型装置手动改表或加表操作方法。

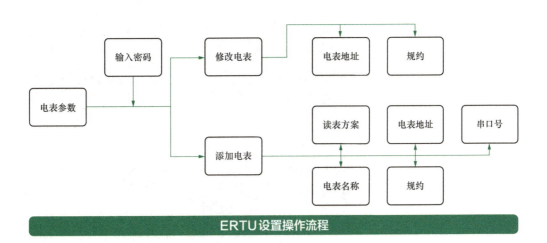

ERTU 设置操作流程

（1）手动改表。

操作步骤

1）选中"电表参数"，"确认"后输入密码，"确认"进入"电表参数"界面。

选中"电表参数"

输入密码

2）换表选择"修改电表"，"确认"后选中需要修改的相关表计，"确认"进入相应表计参数界面。

选择"修改电表"

表计参数界面

操作步骤

3）按上下选择键 选中"电表地址"栏或"规约"栏，按数字修改地址、按"+"或"-"选择表计对应规约。

选中要修改的内容

修改地址或选择规约

4）修改完成后按"确认"，选择"确认"保存参数，保存后，窗口提示重载系统，选择"确认"重载系统。

确认保存

重载系统后完成修改

（2）手动加表。

操作步骤

1）新增表计选择"添加电表"，"确认"进入相应界面。

2）按上下选择键选中"读表方案"栏，按"+"或"－"将读表方案改为方案一。

3）按上下选择键，选中"电表名称"栏，按"+"出现软键盘，按"Tab"键切换输入模式，根据线路名称输入相关名称。名称输入完成，按"取消"关闭软键盘。

选择"添加电表"

选中"读表方案"栏

用软键盘输入名称

4）按上下选择键选中"电表地址"栏"规约"栏或"串口号"栏，按数字修改地址、按"+"或"－"选择表计对应规约、串口号。

5）修改完成后按"确认"，选择"确认"保存参数，保存后，窗口提示重载系统，选择"确认"重载系统。

修改地址、规约或串口号

确认保存参数

6）重启完成后，等待5到10分钟，按装置"房子"按键查看表计通信状态绿色√，代表相应表计通信成功；红色×，代表相应表计通信失败，检查相关参数、设备状态、通信线路等。

三 计量装置接线原理及常见故障

扫码学习更多
接线故障排查
知识。

（一）计量装置接线原理与要求

1.接线原理介绍

（1）单相电能表。

单相电能表是用来计量单相电路有功电能的，是应用最广泛的一种电能表。

1）接线原理。

电能表的电流线圈必须与火线串联，而电能表的电压线圈应跨接在电源端的火线与零线之间。电流，电压线圈标有"．"的一端，应与电源端火线连接。当负荷电流和流经电压线圈的电流都由带"．"端流入相应的线圈时，电能表才能正转。

2）接线要求。

◎ 单相电能表通常采用"一进一出"的接法，即第一个端子进火线、第二个端子出火线、第三个端子进零线、第四个端子出零线。

◎ 火线与零线不能接反；电能表的电流、电压线圈不能反接；电能表的电压连接片必须合上。

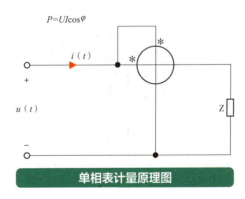

单相表计量原理图

3）接线图。

低供低计直接接入式单相电能表

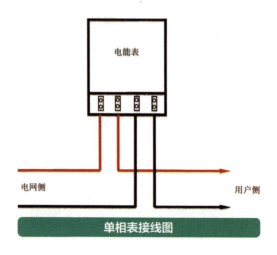

单相表接线图

（2）三相四线有功电能表。

三相四线有功电能表是用来计量三相四线电路有功电能的。

1）接线原理。

三相四线电路可以看成是由三个单向电路构成的，其平均功率等于各相有功功率的总和。三相四线电路的有功电能应用三只独立的单相有功电能表或三元件三相四线有功电能表测量。三元件三相四线电能表是采用三元件共零法构成的，不管三相电压电流是否对称，这种接线都不会引起线路附加误差。

三元件三相四线有功电能表测量的电能为：

$$P = U_a I_a \cos\varphi_a + U_b I_b \cos\varphi_b + U_c I_c \cos\varphi_c = 3UI\cos\varphi$$

2）接线要求。

实际接线时可按接线端子盒盖板内面的接线图进行。

◎ **直接接入式的三相四线电能表**。若从左向右按1、3、……、8编号，则其中1、3、5分别是三相电源线进火端子，2、4、6分别是三相电源线出火端子，7、8分别是电源线进零端子和出零端子。

◎ **经互感器接入式的三相四线电能表**。带电流互感器时要注意极性，每个互感器的一次侧L1（P1）端均接电源，二次侧K1（S1）端均接电能表相应电流线圈的*端或*端。二次绕组电流由首端L1（P1）流进至末端L2（P2）流出，串联于主线路；二次绕组电流由首端K1（S1）流入电能表端子至电流元件再返回到末端K2（S2），形成回路。

◎ **带电流互感器时的三相四线电能表**。若从左向右按1、2、……、11编号，则其中1、4、7分别是三相电流线进线端子3、6、9分别是三相电流线出线端子2、5、8分别是三相电压线接线端子10，11是零线端子。

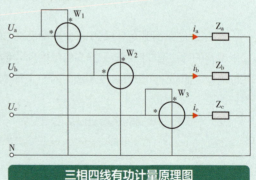

三相四线有功计量原理图

3）接线图。

高供低计三相四线电能表+采集终端

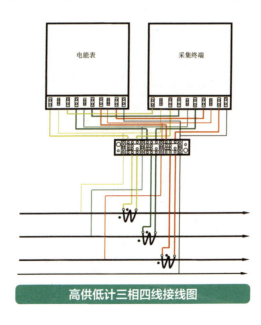

高供低计三相四线接线图

高供高计三相四线电能表+终端

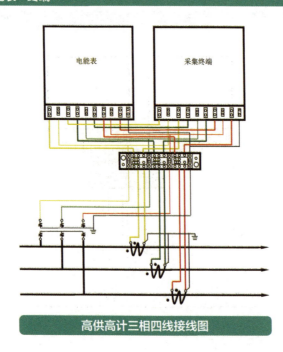

高供高计三相四线接线图

低供低计经互感器接入式三相四线电能表

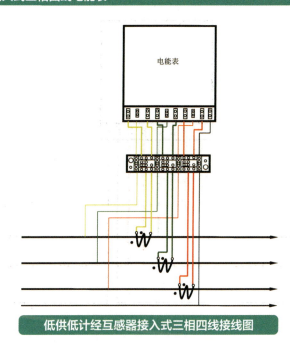

低供低计经互感器接入式三相四线接线图

低供低计直接接入式三相四线电能表

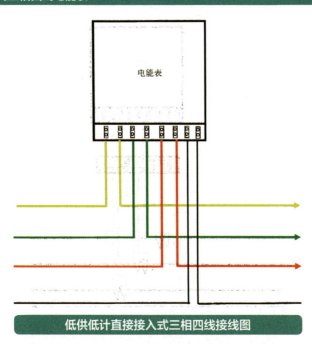

电能表

低供低计直接接入式三相四线接线图

（3）三相三线有功电能表。

三相三线有功电能表用来计量三相三线电路有功电能。

1）接线原理。

三相三线有功电能表采用两元件共相法原理构成。一个元件所加的电压为线电压 U_{ab}，而通入的电流为 I_a。另一个元件所加的电压为线电压 U_{cb}，而通入的电流为 I_c。

◎ 两元件三相三线有功电能表量的电能为：

$$P_{cor} = U_{ab}I_a \cos(30° + \varphi_a) + U_{cb}I_c \cos(30° - \varphi_c) = \sqrt{3}UI\cos\varphi$$

◎ 需要注意两元件三相三线电能表的电压线圈上承受的是线电压，而三元件三相四线电能表的电压线圈上承受的是相电压。

◎ 常用的三相三线有功电能表是经互感器接入式的。

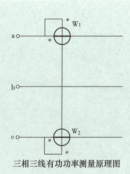

三相三线有功功率测量原理图

2）接线要求。

实际接线时可按接线端子盒的盖板内面的接线图进行。带互感器的三相有功电能表若从左向右按1、2、……、11编号，则其中1、7分别是两相电流线进线端子，3、9分别是两相电流线出线端子，2、5、8分别是三相电压线接线端子。

3）接线图。

高供高计三相三线电能表+终端

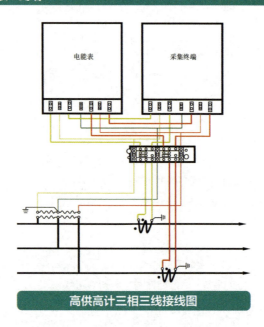

高供高计三相三线接线图

（二）接线类典型故障

1. 单相电能表进出线接反

故障现象： 1）电能表电流指示反向。

2）用掌机读取电能表正向有功电量示度为零、反向有功电量示度不为零。

3）通过采集系统抄表正向电量示数为零。

常见原因： 一般为单相电能表进出线接反，还应考虑是否存在光伏接入双方向的情况。

处理方法： 更正接线或换表，更正系数为 $K=-1$。

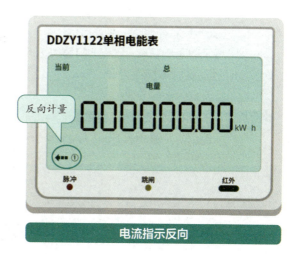

电流指示反向

2. 三相四线电能表电压回路正常，一相电流反接

故障现象： 1）电能表液晶显示一相电流为负，逆相序告警闪烁。

2）电能表按键后，液晶显示，电压幅值正常，电流一相为负，有功总功率约等于 $UI\cos\varphi$。

常见原因： 在三相四线电能表电压回路正常、三相负荷平衡情况下，可判定带负号的一相电流反接。

处理方法： 1）检查客户是否正在使用电焊机等特殊性质负荷。

2）将三相四线电能表反接电流相的进出线交换。更正系数 $K=3$。

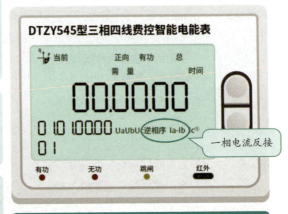

逆相序告警闪烁，一相电流为负

3. 三相四线电能表电压回路正常，二相电流反接

故障现象： 1）电能表液晶显示二相电流为负，逆相序告警闪烁。

2）电能表按键后，液晶显示，电压幅值正常，电流二相为负，有功总功率约等于 $-UI\cos\varphi$。

常见原因： 在三相四线电能表电压回路正常、三相负荷平衡情况下，可判定带负号的二相电流反接。

处理方法： 将三相四线电能表反接二相电流相的进出线交换。更正系数 $K=-3$。

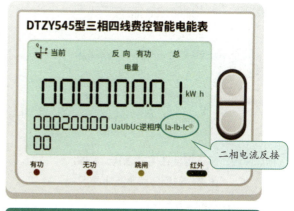

逆相序告警闪烁，二相电流为负

4. 三相四线电能表电流回路正常，电压回路有一相无电压

故障现象：1）电能表液晶显示电压少一相或闪烁。

2）电能表按键后，液晶显示，三相电流幅值正常，电压一相约为零，有功总功率约等于$2UI\cos\varphi$。

常见原因：在三相四线电能表电流回路正常、三相负荷平衡情况下，可判定一相电压缺相。

处理方法：排除故障，更正系数$K=1.5$。

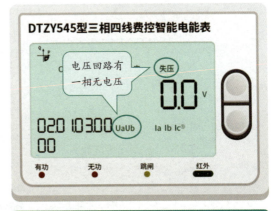

电压少一相或闪烁

5. 三相三线电能表A相电流反接

故障现象： 1）电能表液晶显示A相电流为负。

2）电能表按键后，液晶显示，电压幅值正常，电流A相为负，有功总功率约等于$UI\sin\varphi$。

注意： 当$\varphi > 60°$时，电能表正常接线情况下，电能表上有A相电流负号指示，为正确接线。

常见原因： 在三相三线电能表电流回路正常、三相负荷平衡、感性负载情况下，可判定三相三线电能表A相电流反接。

处理方法： 将三相三线电能表A相电流的进出线进行交换。更正系数$K = \sqrt{3}\,\mathrm{ctan}\varphi$。

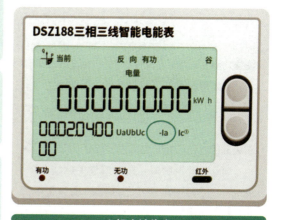

A相电流为负

6. 三相三线电能表C相电流反接

故障现象： 1）电能表液晶显示C相电流为负。

2）电能表按键后，液晶显示，电压幅值正常，电流C相为负，有功总功率约等于$-UI\sin\varphi$。

注意： 当$\varphi>60°$（容性）时，电能表正常接线情况下，电能表上有C相电流负号指示，为正确接线。

常见原因： 在三相三线电能表电压回路正常，三相负荷平衡，感性负载情况下，可判定三相三线电能表C相电流反接。

处理方法： 将三相三线电能表C电流的进出线进行交换。更正系数$K=-\sqrt{3}\,c\tan\varphi$。

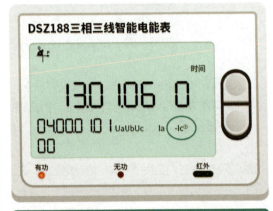

C相电流为负

226

7. 三相三线电能表电流回路正常，电压回路A、C相互换

故障现象： 1）电能表液晶显示A相电流为
负，逆相序告警闪烁。

2）电能表按键后，液晶显示，
电压幅值正常，电流A相为
负，有功总功率约等于零。

常见原因： 在三相三线电能表电压回路正
常、三相负荷平衡、感性负载
情况下，可判定三相三线电能
表电压回路A，C相互换。

处理方法： 将三相三线电能表A，C相电压
进行交换。退补电量按实际负
荷计算。

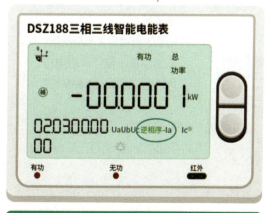

A相电流为负，逆相序告警闪烁

8. 三相三线电能表A相电压断

故障现象：1）电能表液晶电压U_a无显示或闪烁。

2）电能表按键后，液晶显示，电流幅值正常，A相电压为0或较正常值显著降低。

常见原因：一般情况下为高压互感器高压侧A相熔丝熔断引起。

处理方法：更换互感器高压侧A相熔丝，三相负荷平衡情况下更正系数

$$K = \frac{2\sqrt{3}}{\sqrt{3} + \tan\varphi}。$$

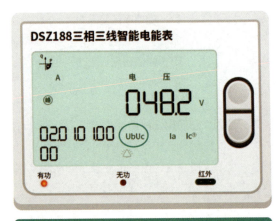

A相电压无显示或闪烁

9. 三相三线电能表 B 相电压断

故障现象： 1）电能表液晶电压 U_b 无显示或闪烁。

2）电能表按键后，液晶显示，电流幅值正常，A、C 相电压较正常值显著降低。

常见原因： 一般情况下为高压互感器高压侧 B 相熔丝熔断引起。

处理方法： 更换互感器高压侧 B 相熔丝，三相负荷平衡情况下更正系数 $K=2$。

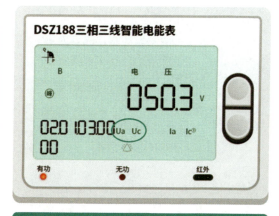

B 相电压无显示或闪烁

10. 三相三线电能表C相电压断

故障现象： 1）电能表液晶电压U_c无显示或闪烁。

2）电能表按键后，液晶显示电流幅值正常，C相电压为零或较正常值显著降低。

常见原因： 一般情况下为高压互感器高压侧C相熔丝熔断引起。

处理方法： 更换互感器高压侧C相熔丝，三相负荷平衡情况下更正系数

$$K = \frac{2\sqrt{3}}{\sqrt{3}-\tan\varphi}。$$

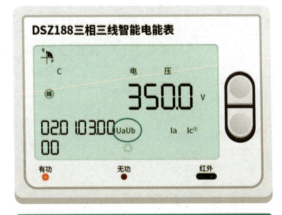

C相电压无显示或闪烁

（三）电能表、终端设备常见故障

1. 电能表故障类

（1）液晶黑屏。

故障现象： 正常上电状态下，液晶无显示。

常见原因： 1）液晶驱动芯片未工作。

2）液晶屏损坏。

3）CPU损坏。

处理方法： 更换电能表。

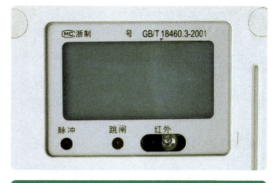

液晶无显示

（2）液晶显示乱码。

故障现象：液晶显示乱码。

常见原因：1）液晶显示器管脚虚焊。

2）液晶显示器损坏。

3）液晶驱动芯片或贴片电阻损坏。

处理方法：更换电能表。

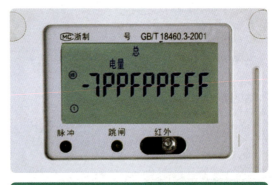

液晶显示乱码

（3）电能表死机。

故障现象： 电能表通电后，液晶显示无反应（死机）、或显示停滞、或数据乱跳。

常见原因： 1）采样回路元件虚焊或损坏。
2）程序出错。

处理方法： 更换电能表。

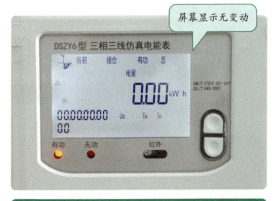

屏幕显示无变动

液晶显示无反应

（4）电能表抄见电量与实际用电情况有明显差异。

故障现象： 电能表抄见电量与客户
实际用电情况明显不符。

抄见电量与实际情况明显不符

常见原因： 1）计量芯片损坏。

2）采样回路元件虚焊或
损坏。

处理方法： 1）检查客户用电负荷与电能表显示功率是否一致。

2）判断电能表脉冲常数是否正确。如：电表脉冲常数为1200脉冲/千瓦时，输出12个
脉冲，电量应增加0.01千瓦时，则脉冲常数正确。

3）用瓦秒法粗略判断计量是否准确。即：在用电负荷恒定的情况下，应满足下式：

$$电能表显示功率 P（千瓦）= \frac{N（脉冲数）\times 3600}{C（电能表脉冲常数）\times T（起止脉冲输出时间秒）}$$

4）上述判断任何一个有问题，均应换表。

（5）无负荷有电量。

故障现象：客户在无用电负荷情况下，电能表仍存在计量现象。

常见原因：1）串户、漏电。

2）电能表潜动。

处理方法：1）检查电能表出线是否存在串户、漏电等现象。

2）检查三相电能表电源相序是否正确。

3）检查电能表是否潜动。如有潜动，更换电能表。

无用电负荷

无负荷仍有计量现象

（6）红外通信故障。

故障现象： 1）当掌机发出命令，且相应电能表通讯灯亮，液晶屏上有通讯符号闪烁，掌机未接收相应电能表的应答。

2）当掌机发出命令，相应电能表通信灯不亮，液晶屏上无通信符号闪烁，掌机未接收应答数据。

常见原因： 1）掌机电池容量不足。

2）掌机与被抄电能表的角度、距离过大。

3）被抄电能表地址与掌机内存地址不一致。

4）掌机红外通信口损坏。

5）被抄电能表的红外通讯口损坏。

处理方法： 1）更换掌机电池。

2）调整掌机抄表角度及距离。

3）检查电能表地址及掌机内存地址。

4）检查电能表外加电压。

5）更换掌机。

6）更换电能表。

备注： 一般不涉及计量准确性。

（7）电能表不计量。

故障现象：客户在正常用电情况下，电能表脉冲灯不闪，电量无累加；或脉冲灯闪烁、电量无累加。

常见原因：一般为计量芯片损坏。

处理方法：排除窃电及错接线可能后，更换电能表。

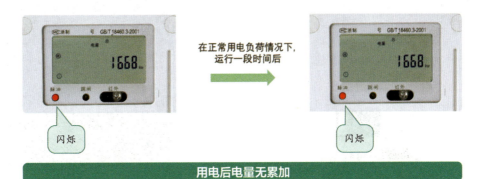

在正常用电负荷情况下，
运行一段时间后

用电后电量无累加

2. 采集器常见故障

（1）信号灯、在线灯均异常。

故障现象： 信号灯、在线灯均不亮。

常见原因： 1）SIM卡未装、接触不良、失效。
2）采集器通信模块故障。

处理方法： 1）检查SIM卡是否安装到位。
2）检查SIM卡触点，并重新安装。
3）更换SIM卡。
4）更换采集器通信模块。

SIM卡未装到位

SIM卡未装到位

信号灯、在线灯均不亮

（2）在线灯异常。

故障现象： 在线灯不亮，信号灯有显示。

常见原因： 1）SIM 卡未开通。

2）周边环境 GPRS 信号无（弱）。

处理方法： 1）查看周边环境，采取加强信号措施。

2）重启采集器。

3）检查并更换 SIM 卡。

在线灯不亮，信号灯有显示

（3）信号灯异常。

故障现象： 在线灯亮，信号灯为红色或橙色。

常见原因： 通信信号弱。

处理方法： 1）检查天线接触是否良好。

2）更换专频天线或加装有源天线。

3）将天线外移到信号较好的位置。

4）加强网络覆盖。

在线灯亮，信号灯为红色或橙色

（4）通信灯常亮。

故障现象：下行通信灯常亮。

常见原因：RS-485通信线短路。

处理方法：1）重新接线或更换RS-485通信线。
2）更换相应故障电能表或采集器。

下行通信灯常亮

241

（5）所有指示灯不亮。

所有指示灯都不亮

故障现象： 所有指示灯都不亮。

常见原因： 1）采集器未上电。

2）采集器电源模块损坏。

处理方法： 1）采集器上电。

2）更换故障采集器。

3. HPLC 集中器常见故障

（1）软件故障。

常见原因： 集中器发生死机问题，无法正常工作。

处理方法： 1）运行灯不闪或对按键操作无响应，对集中器进行断电重启，进行初始化操作后需重设参数。

2）重启后集中器未恢复正常运行，更换集中器。

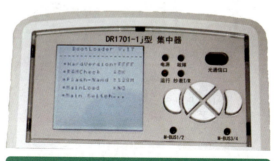

白屏

（2）时钟错误。

常见原因：1）集中器的时钟与标准时钟误差过大。

2）该集中器下所有电能表时钟异常。

处理方法：1）运行灯不闪或对按键操作无响应，对集中器进行断电重启。

2）重启后集中器未恢复正常运行，更换集中器。

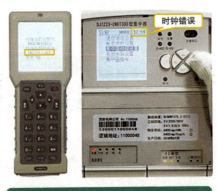

时钟错误

（3）采集器运行异常。

常见原因： 1）采集器无反应。

2）当Ⅰ型、Ⅱ型采集器带载多块电能表且持续多天无法成功获取采集器下所有电能表的数据信息时，系统生成采集器下电能表全无数据异常。

处理方法： 1）断电重启采集器，观察电能表通信是否成功。

2）利用专用设备测试采集器能否顺利抄到其下所有电能表数据，操作步骤如下：

将抄控器的电源线接在电能表进线端子处，接线时先接零线再接火线；

进入抄控器的抄表界面，分别输入采集器下的电表资产编号进行抄表；

操作完毕，拆除操控器的电源线，拆除时先拆火线再拆零线。

3）排除其他故障，若无法成功抄到采集器下所有电能表数据，更换采集器。

断电重启采集器　　　　抄控器抄读电量失败　　　　抄控器抄读电量成功

（4）远程通信模块故障及SIM卡异常。

常见原因： 1）SIM卡安装不规范。

2）SIM卡自身质量存在问题。

3）终端模块安装不规范。

4）远程通信模块自身故障。

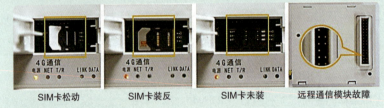

| SIM卡松动 | SIM卡装反 | SIM卡未装 | 远程通信模块故障 |

处理方法： 1）检查远程通信模块指示灯是否正常（远程通信正常指示灯状态），若不正常，重新安装或更换模块。

2）检查远程通信模块针脚是否弯曲，若弯曲，直接更换模块。

3）检查通信卡是否丢失、接触不良或损坏，若存在问题，重新安装或更换通信卡。

（5）电源故障。

常见原因： 1）采集器内部电源故障或外部电压不正常。

2）电能表内部电源故障或外部电压不正常。当Ⅰ型、Ⅱ型采集器带载多块电能表时，持续多天无法成功获取采集器下所有电能表的数据信息时，生成采集器下电能表全无数据异常。

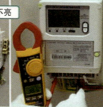

Ⅱ型采集器内部　　Ⅱ型采集器内部　　电能表内部电源故障　　电能表外部电源故障
电源故障　　　　　电源故障

处理方法： 1）采集器电源灯不亮，用万用表测量采集器电源线的电压值，若外部输入电压正常，更换采集器。

2）用万用表测量电能表电源线的电压值，若外部输入电压正常，更换电能表。

3）外部输入电压异常，则需要检查并恢复外部电源。

四 应急处理

（一）典型问题应对处理

1. 现场检验比对不合格的应对处理

处理步骤

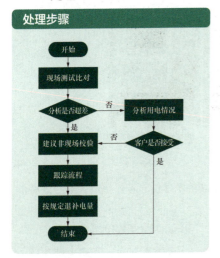

关键点控制

现场检验比对： 现场测试比对要求客户在场，可向客户介绍测试原理，并说明按计量工作标准规定此测试结果仅供分析，不可作为最终电能表误差结论。

分析结果： 如检验结果超差，不能直接得出结论，说明该种情况应将电能表拆下到供电公司计量中心检验；如客户提出到技术监督部门检定，应给予配合，并按照检定结果进行电量退补处理。如检验结果在误差范围之内的，对客户用电情况进行具体分析，争取客户理解。如客户不接受的，建议客户进行非现场检验。

检验过程跟踪： 如计量中心检定不合格，按照检定结果进行电量退补；如计量中心检定合格，向客户告知检验结果。如计量中心检验合格，而电能表计量与实际调查的用电情况有较大差距，原则上在履行一定的审批手续后按客户的实际用电设备和用电时间计算相应电量后进行退补。

检定结果处理： 将电量退补情况告知客户。

2. 客户要求到技术监督部门校表的应对处理

处理步骤

关键点控制

初步沟通： 向客户介绍我们的企业性质（大型国有企业，有强烈的社会责任感，电费统一上交国家）和有关法律、法规，建议客户到供电公司计量中心申校，如客户提出到技术监督部门检验，应予以配合。

现场换表： 客户到技术监督部门申检电能表，在营销系统内一般进入故障表流程，供电公司应提前电话联系客户，向其介绍相应的操作流程，按照约定时间，在客户到场并确认情况下完成换表并封存。

办理申校手续：

（1）待检定电能表换拆后应由各供电公司相关人员陪同客户一起到技术监督部门办理电能表申校手续，按规定递交代检电能表，并领取和填写电能表申检《业务委托协议书》。

（2）电能表申检手续由客户负责办理，供电公司陪同人员负责业务指导和样品的共同递交，并确认申检手续真实有效，电能表申检的《业务委托协议书》客户联由客户负责保存。检定结束后（具体工作日按技术监督部门有关规定为准），电能表检定证书由技术监督部门负责通知客户进行领取的同时，将相关检定信息同步告知供电公司计量中心。计量中心须及时把电能表检定结果告知各相关供电公司。

领取检定证书： 客户到技术监督部门领取检定证书时，若电能表检定误差合格，检定费用由客户承担；检定误差超差，客户凭电能表检定证书，在各供电公司按规定办理电费退补手续。

3. 客户怀疑用电量异常的应对处理

处理步骤

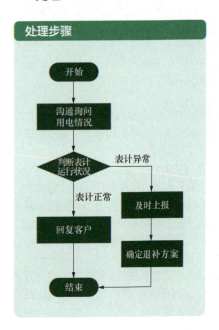

关键点控制

初步沟通： 询问近期用电情况，了解客户是否有新增的用电设备，并核查该客户近期的抄表方式和电量情况。

分析判断： 根据电能表运行状况和客户的实际用电情况，判断电能表是否存在飞走或突变现象。

异常处理： 判定电能表计量异常后，向客户解释情况，协商处理办法，并及时上报本单位业务主管确定退补方案，在规定时间内将详细退补情况反馈给客户。

应对话术： "×先生/女士，您好！非常抱歉，您的电能表确实存在计量不准，向您多收取的电费我们一定会退还给您，具体的退补方案我们将在3个工作日内向您反馈。"

正常处理： 如电能表检验正常，向客户分析电量增大可能出现的原因。

应对话术： "×先生/女士，您好！根据检定结果您的电表是正常的，电量出现变化可能是因为设备增加/季节用电波动/内部线路故障等原因导致的正常电量变化。"

4. 客户怀疑峰谷表切换时间不准的应对处理

处理步骤

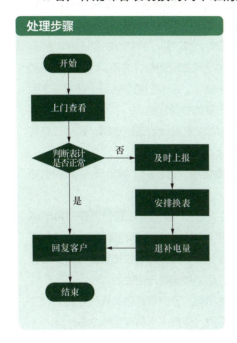

关键点控制

初步沟通： 客户来电或到营业厅反映峰谷表时钟不准，先请客户留下联系方式，告知客户会尽快安排工作人员上门查看。

上门处理： 与客户联系上门查看时间，通过目测现场查看电能表时钟或时段是否异常；也可通过采集器抄读电能表时钟。现场查看人员应了解客户用电情况。

及时上报： 如电能表时钟时段异常，及时上报相关班组安排换表和电费退补流程。

应对话术：

◎ 如时段异常："×先生/女士，我们发现您的电能表时段异常，根据您家的用电情况，在3天内向您反馈具体电费退补情况。"

◎ 如时钟/时段正常："×先生/女士，我们已经查看过您家的电表时钟以及时段，没有发现异常，您可以再观察一段时间，如果还是有问题，请再和我们联系。"

5. 现场发现故障电能表的应对处理

处理步骤

开始

↓

初步判断

↓

故障情况记录

↓

请客户签字确认

↓

有效告知

↓

结束

关键点控制

分析判断：根据电能表故障状况和系统内的数据分析，准确判断是否有电量损失，并了解、判断客户现场用电情况。

故障情况记录：及时记录故障现象，注明异常情况和必要的数据，请客户签字确认，必要时拍照留证。注意签字后再处理故障，保留必要的故障现象。

应对话述："电能表故障原因我们已经查明，如果没有异议，麻烦您签字确认。"

有效告知：根据具体情况，让客户了解实情，告知需退补电量。

应对话术："×先生/女士，我们将根据您以往的用电情况确定电量退补方案，到时我们会再和您联系。"如有必要，要强调这是国家资源，在根据《供电营业规则》进行退补电量的同时也会尽力考虑客户利益。

合理处理：整理有关资料，及时联系相关人员处理。对没有直接计算依据的可通过查自来水费等其他方法计算。

6. 客户网上发帖反映电表快、电量大幅增加的应对处理

处理步骤	关键点控制

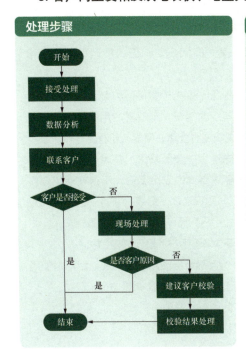

接受处理： 接收单位舆情检测部门的处理工单，通过网站或者其他渠道确定发帖客户。

数据分析： 利用营销系统、采集系统对历史用电情况以及网贴提供的情况进行分析，初步判断电能表是否正常。

联系客户： 主动与客户取得联系，并根据获得的情况对客户进行解释，如客户还有异议则现场处理。

应对要点：

◎ **摆事实：** 营销系统每期的电量、居民采集系统的每日用电量，主要用电设备的电功率、待机功率，智能电表原理等。

◎ **讲道理：** 国家电价政策、优质服务措施以及其他用电常识等。

现场处理： 了解用电设备用电情况，是否有用电设备变更、电器待机保温等情况，对解释不满的，建议客户办理电能表申校业务。

检定结果处理： 跟踪检验过程，及时通知客户检定结果，对超差情况按照电量退补办法处理。

7. 媒体介入电表快、电量大幅增加的应对处理

处理步骤	关键点控制
	**报告上级：**第一时间报告上级，按照上级的要求处理。 **现场调查：**在现场调查过程中不要接受媒体的采访，只调查客户客观的情况，了解客户用电设备是否有变更、用电规律是否变化、电器待机保温等情况。 **应对要点：**先对客户表示感谢，并表示对此事单位很重视，不要对媒体说无可奉告，不得在现场媒体面前下结论。现场以看、记录为主，在全面调查、周密分析后由上级（新闻发言人）答复媒体。 **应对话述**（媒体采访用户怀疑电表走得快）： "电能表的计量准确性不能用肉眼判断，我们需要用仪器才能检定，具体情况还在调查中……" "需要了解实际用电情况……" "需要回单位查阅系统历史档案……"

8. 安装时邻户阻挠表箱安装的应对处理

处理步骤

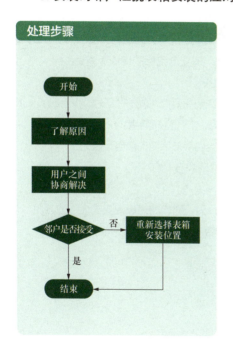

关键点控制

分析判断： 了解邻户不同意安装表箱的原因。
（如邻户担心表箱会对自家造成影响。）

应对话述： "×先生/女士，从安全和布线方面考虑，在这个位置安装表箱是最合适的，所以请您理解，感谢您对我们工作的配合。"

充分沟通： 安装人员作初步沟通，如邻户仍不同意，让申请用户与其沟通，协商解决。

解决办法： 沟通不成功，如条件允许，则重新选择表箱安装位置。

9. 因作业停电，受影响客户到作业现场指责的应对处理

处理步骤

```
开始
  ↓
保持镇定
停止作业
  ↓
缓和情绪
解释缘由
  ↓
妥善应对
  ↓
结束
```

关键点控制

保持镇定： 不惊慌，不冲突，先道歉，树立自我保护意识，避免冲突，防止客户可能的过激行为对作业和人身影响。

初步沟通： 缓和情绪，解释缘由，争取客户理解，必要时及时汇报上级。如客户情绪比较稳定，进一步沟通解释，安抚客户情绪；

应对话述： "×先生/女士，非常抱歉给您带来不便，停电是因为××××，安装完毕后会尽快恢复供电，谢谢您的理解与配合！"

妥善应对： 尽快完成作业并恢复供电。

如客户情绪不稳定，有可能产生过激行为，对作业人员人身安全构成威胁，应立即停止作业，第一时间报警。如带电作业的，对未接裸露线路临时绝缘包扎后方可停止。

10. 作业造成长时间停电，导致客户损失的应对处理

处理步骤

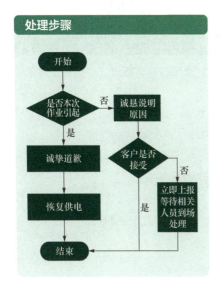

关键点控制

分析判断： 根据现场及实际损失情况，判断是否由本次作业引起。

若自身工作不当造成损失

1. 应向客户表示歉意，争取客户理解。

应对话述： "×先生/女士，对不起，确实是我们工作失误造成，我们会尽快查明原因恢复供电，还请您多多谅解。"

恢复供电： 因现场作业原因造成停电的，查明原因后立即恢复供电。

立即上报： 立即上报上级部门，说明情况，待相关人员抵达现场协助处理。

说明：外施队伍误操作引起的损失，由外施单位承担责任。

2. 若不是本次作业引起损失或短时无法判断的

诚恳说明： 应诚恳向客户说明理由，争取客户理解。

立即上报： 当客户不能理解时，立即上报上级部门，等待相关人员到达现场协助处理。

当人身受到威胁时：

1）离开现场。迅速离开现场，避免受到伤害。

2）电话报警。迅速拨打110报警电话，等待警务人员到达现场处理。

11. 上门处理投诉，客户对处理结果不满意的应对处理

处理步骤

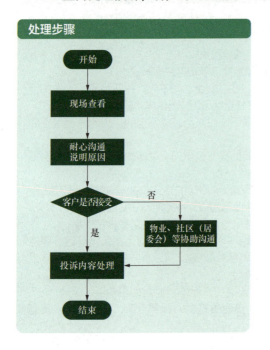

关键点控制

分析判断：现场查看实际情况，充分了解客户需求。

提出解决办法：安抚客户情绪，第一时间向客户说明原因，争取客户的理解与配合。如客户仍不配合，则寻求物业、社区（村委会）等其他途径解决。

达成一致：感谢客户的配合与理解。

实施：完成现场客户用电问题的处理。

12. 用户拆表时客户不在场，对电能表止度有异议的应对处理

处理步骤

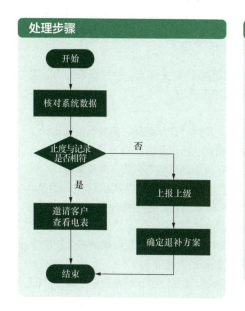

关键点控制

分析判断： 查询系统信息，重新核对已拆下电能表的止度与拆表告知单记录数据是否相符。

沟通说明： 向客户做出解释，说明情况。

提出解决办法：

◎ 如数据相符，邀请客户到本单位查看拆回电能表，耐心沟通。

◎ 如数据不符，确实由作业人员失误造成，需向客户真挚道歉，告知客户具体差值电量，并及时上报。

应对话述： "×先生/女士，您好，非常抱歉，确实是我们工作失误造成，具体的电费会在下一个抄表周期退补给您，感谢您的支持。"

13. 对换表（轮换）时客户阻挠换表的应对处理

处理步骤

开始
↓
了解客户疑惑和心理
↓
解释原因和政策
↓
客户是否接受 —否→ 建议表计申校
↓是
结束

关键点控制

了解客户心理： 怀疑新表走字快，越换越快；客户不出费用供电公司换表为什么这么积极？原来的表走字快，现在换表是为了消除证据等。

充分沟通： 解释换表的原因和国家的有关规定，介绍新表的功能更加完善，计量更准确，用电信息更透明。

应对话述：

◎"电能表按照国家有关规定，使用一定年限后，需要拆回检定。"

◎"使用中的电能表因为抽检需要，所以要拆回检测。"

◎"随着系统的升级，为了满足信息的存储与采集，需要更换。"

稳定情绪： 缓解客户情绪，让客户冷静下来，避免用刺激性的语言。

合理解决： 若客户对电量有怀疑等情况，经过解释客户还不理解，可建议客户申请校验。

要点： 态度一定要诚恳，争取对方理解，说明我们是站在公正的立场办事（个别特殊情况等请示领导后再处理）。

应对话述： "× 先生/女士，如果电量多计了我们会合理处理的，旧表我们会封存保留一个月，您如果要把电表送校也比较方便。"

如客户仍不配合，则寻求物业、社区（村委会）等其他途径解决。

14. 总表与客户分表电量有差异的应对处理

处理步骤

关键点控制

现场判断： 根据现场确定总表是否接线正确，运行是否正常；客户是否存在总分表接线关系。

解释沟通： 缓和客户情绪，向客户解释电能表产权分界情况，说明供电企业负责计量收费的是总表。

分析原因： 尽量解答客户的用电疑问，分析可能存在差异的原因。

应对话述： "×先生/女士，总、分电量有出入可能是由于分电能表量不准确，接线不正确等原因造成的。我们供电公司只负责总电能表量装置维护，由于分表是您自行安装的，您可以找电工检查。如果您对供电企业安装的表的准确度有怀疑，可以到我们的营业厅办理电能表申校业务。"

合理处理： 处理时态度诚恳，站在客户的角度考虑问题，不可给客户造成情绪对立的印象。

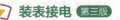

15. 客户怀疑用电串户的应对处理

处理步骤

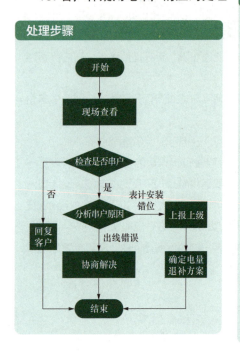

关键点控制

初步沟通： 客户怀疑电能表计量存在突增等异常时，积极与客户沟通，先询问近期用电情况，结合采集系统近期电量，分析判断电能表是否异常。初步判断电能表正常时，经解释客户仍不认可的，与客户约定时间现场检查线路。

分析判断： 现场查看用电是否存在串户现象，判断是电能表错位还是出线错误。

现场处理： 在客户到场的情况下，检查是否串户。

若电能表安装错位： 真诚向受损客户赔礼道歉，答复客户会尽快给出合理解决方案。

应对话述： "×先生/女士，您好，非常抱歉，确实是我们工作失误造成，具体的电费退补方案会尽快答复您，感谢您的理解。"

后期处理： 联系串户受惠客户，耐心与其沟通，要求其补交应交电费。回到单位查询历史电量电费，根据具体情况计算退补电费相应金额。

若出线错误： 需确定施工单位责任人，由工作人员联系并督促责任单位解决。

16. 作业时发现客户有窃电嫌疑的应对处理

处理步骤

开始

↓

停止作业

↓

立即上报

↓

保护现场
留存证据

↓

等候相关
人员到场

↓

结束

关键点控制

现场判断： 发现客户有窃电嫌疑，应立即停止作业。

立即上报： 第一时间上报相关部门。

保护现场： 保护现场并留存证据，等待相关人员到场处理。

17. 旧表复用客户不认可

处理步骤

开始

停止作业

解释沟通

合理处理

结束

关键点控制

解释沟通： 缓和客户情绪，向客户解释复用的电能表是符合检定规程的，不存在质量问题，并不会影响计量的准确度。

应对话术： "表没有达到报废年限，符合596电子式电能表检定规程，因此是符合使用要求的。"

合理处理： 理解客户感受，态度诚恳，站在客户角度考虑，充分解释，获得客户的认可。

（二）现场急救处理

1. 心肺复苏法

步骤

人工呼吸：

1）一手放在急救对象前额使头部后仰，另一手的食指和中指放在下颌骨处，抬起下颌使急救对象口部张开，保持呼吸通畅。

2）用放在急救对象前额一手的拇指和食指，捏紧病人鼻孔；深吸一口气，张开嘴贴紧急救对象嘴巴（要把急救对象口部完全包住），用力吹入病人口内，要快而深，直到急救对象胸部上抬。

3）一口气吹完毕后，立即换气吸入新鲜空气，同时放松捏鼻的手，让急救对象从鼻孔呼气。频率约为每分钟12次。

胸外按压：

1）让急救对象仰卧在硬板床或地上。如果是弹簧床，要让他背部垫一块硬板，保持硬度。

2）在急救对象右侧施救，施救者将右手食指、中指沿急救对象最下面肋骨向中间滑移，两肋骨交点处为胸骨下切迹。切迹上方胸骨正中部为按压区，左手掌根部贴胸骨，右手放在左手手背上，交叉。

3）抢救者双臂绷直，双肩在急救对象胸骨上方正中，垂直向下按压，按压力量应足以使胸骨下沉3～4厘米，压下后放松，但双手不要离开胸壁。反复操作，频率为80～100次/分钟。

注意事项

◎ 吹气不宜过大，时间不宜过长，以免发生急性胃扩张。同时观察急救对象气道是否畅通，胸腔是否被吹起。

◎ 按压部位不宜过低，以免损伤肝、胃等内脏。压力要适宜，过轻不足以推动血液循环；过重会使胸骨骨折，带来气胸血胸。

◎ 胸外按压与人工呼吸轮流进行，直到医护人员到场或患者恢复自主呼吸和脉搏。

◎ 胸外按压和口对口人工呼吸轮流进行。如果现场只有一人施救，每按压胸部15次后，吹气两次；如果有两个人轮流施救，则每人按压5次，吹气一次。

2. 触电急救

步骤

1）使触电者迅速脱离电源，若触电者在杆上，应采取相应措施防止伤员脱离电源后自高处坠落。

2）将伤员扶卧在自己的安全带上（或在适当地方躺平），保持伤员气道通畅，在送至地面前进行4次口对口（鼻）呼吸。

3）然后用单人营救法或者双人营救法将伤员转移至地面急救。

注意事项

◎ 对意识清醒的伤员，应就地平躺，严密观察其呼吸、脉搏等生命体征，暂时不要让其站立或者走动。

◎ 对神志不清的触电伤员，应将其就地仰面平躺，且确保其气道通畅，并用5秒时间，呼叫伤员或轻拍其肩部以确定伤员是否丧失意识，严禁晃动伤员头部呼叫伤员！

◎ 如遇伤者呼吸、心跳停止，应立即用心肺复苏法现场急救伤员，并拨打120急救电话或直接送医院救治。

3. 现场中暑应急处理

步骤

搬移：迅速将急救对象抬到通风、阴凉、干爽的地方，使其平卧并解开衣扣，松开或脱去衣服，如衣服被汗水湿透应更换衣服。

降温：急救对象额头可捂上冷毛巾，用扇或电扇吹风，加速散热。

促醒：急救对象若已失去知觉，可指掐人中、合谷等穴位，使其苏醒。若呼吸停止，应立即实施人工呼吸。

补水：患者仍有意识时，可给一些清凉饮料，在补充水分时，可加入少量盐或小苏打水。但千万不可急于补充大量水分，否则，会引起呕吐、腹痛、恶心等症状。

转送：对于重症中暑病人，必须立即送医院诊治。搬运病人时，应用担架运送，不可使患者步行，同时运送途中要注意，尽可能地用冰袋敷于病人额头、枕后、胸口、肘窝及大腿根部，积极进行物理降温，以保护大脑、心肺等重要脏器。

（三）咬伤应急处理

1.被狗咬伤

若不慎被狗咬伤，首先要立即冲洗伤口，就地用大量清水充分的冲洗，有条件可用3%～5%肥皂水或醋，冲洗伤口要彻底，尽可能将伤口扩大，同时用力挤压伤口周围软组织，而且冲洗的水量要大，水流要急，以尽可能去除所有的狗唾液，时间应在半小时内为宜。其次伤口不可包扎。除了个别伤口大，又伤及血管需要止血外，一般不上任何药物，也不要包扎，因为狂犬病毒是厌氧的，在缺乏氧气的情况下，狂犬病病毒会大量生长。伤口反复冲洗后，再送医院作进一步伤口冲洗处理（牢记到医院伤口还需认真冲洗），接着应接种预防狂犬病疫苗。

2. 蜂蜇伤

被黄蜂蜇伤后，其毒针会留在皮肤内，必须用消毒针将叮在肉内的断刺剔出，然后用力掐住被蜇伤的部位，用嘴反复吸吮，以吸出毒素。如果身边暂时没有药物，可用肥皂水充分洗患处，然后再涂些食醋或柠檬汁。黄蜂有毒，蜜蜂没有毒。被蜜蜂蜇伤后，也要先剔出断刺。在处置上与黄蜂不同的是，可在伤口涂些氨水、小苏打水或肥皂水。被蜂蜇伤20分钟后无症状者，可以放心。如果发生休克，在拨打"120"电话后或去医院的途中，要注意保持伤者的呼吸畅通，并进行人工呼吸、心脏按摩等急救处理。

3. 毒虫咬伤

蜈蚣咬伤：立即用5%～10%的小苏打水或肥皂水、石灰水冲洗，不可用碘酒；然后涂上较浓的碱水或3%的氨水。

毛虫蜇伤：可先用橡皮膏粘出毒毛，如有风疹，可先用酒精将皮肤擦干，然后涂上1%的氨水，如有水泡，不可因痒而用手去抓，可用烧过的针将水泡刺破，将血挤出，然后涂上1%的氨水。

毒虫叮咬：被毒虫叮咬后，如出现头痛、眩晕、呕吐、发热、昏迷等症状，应立即送往医院。

4. 毒蛇咬伤

（1）保持冷静，尽可能记住蛇的特征，不可让伤者使用酒、咖啡、浓茶等兴奋性饮料，千万不可紧张乱跑奔走，这样只会加速毒液扩散。

（2）立即缚扎，用止血带（或用软绳、毛巾、手帕或撕下的布条代替）缚于伤口近心端上5~10厘米处。

（3）冲洗切开伤口，适当吸吮，在将伤口切开之前必须用生理盐水、双氧水、高锰酸钾水、蒸馏水或清水、冷开水冲洗。

（4）清洗伤口，将伤口用消毒刀片切开成十字型，以吸吮器将毒血吸出，或反复压挤并冲洗。

（5）扎缚时不可太紧，应可通过一指，其程度应以能阻止静脉和淋巴回流、不妨碍动脉流通为原则，每两小时放松一次即可（每次放松一分钟），如果伤处肿胀迅速扩大，要检查是否绑得太紧，绑的时间应缩短，放松时间应增多，以免组织坏死。

（6）施救者宜避免直接以口吸出毒液，若口腔内有伤口可能引起中毒，万不得已要用口吸时，应先口服蛇药片，或将蛇药片用清水溶成糊状涂在创口四周，并在吸时随时漱口。

注意：除非肯定是无毒蛇咬伤，否则均应视作毒蛇咬伤，并送至有血清的医疗单位进一步治疗。

（四）人身损伤

1. 开放性出血创伤

小的创口出血： 先用生理盐水冲洗消毒患部，然后覆盖纱布用绷带扎紧包扎，取一小棒子穿在带子外侧绞紧，将绞紧后的小棒插在活结小圈内固定。

头顶部出血： 在伤侧耳前，对准下颌耳屏上前方 1.5 厘米处，用拇指压迫浅动脉。

头颈部出血： 四个手指并拢对准颈部胸锁乳突肌中段内侧，将颈总动脉压向颈椎，注意不能同时压迫两侧颈总动脉，以免造成脑缺血坏死。

上臂出血： 一手抬高患肢，另一手四个手指对准上臂中段内侧压迫肱动脉。

手掌出血： 将患肢抬高，用两手拇指分别压迫手腕的尺、桡动脉。

大腿出血： 在腹股沟中稍下方，用双手拇指向后用力压股动脉。

足部出血： 用两手拇指分别压迫足背动脉和内踝与跟腱之间的颈后动脉。

前臂或小腿出血： 可在肘窝、膝窝内放纱布垫、棉花团或毛巾、衣服等物品，屈曲关节，用三角巾作8字型固定。

2. 骨折

如有出血，应先立即止血，然后包扎固定；就地取材，用树枝、木棍、木板等固定骨折位置，以免进一步损伤，严禁复位；固定时，在关节和骨头突起部位或间隙要加垫保护；固定四肢时，应将指（趾）端露出，及时观察肢体血液循环，当出现青紫、膨胀等现象，应立即松绑，重新包扎固定；脊柱骨折病人必须用三四根皮带或绷带固定在木板上才可搬运；现场严禁把暴露在伤口外的骨折断端放回到伤口内。

3. 电弧灼伤

电弧灼伤一般分为三度：一度，灼伤部位轻度变红，表皮受伤；二度，皮肤大面积烫伤，烫伤部位出现水泡；三度，肌肉组织深度灼伤，皮下组织坏死，皮肤烧焦。

当触电者的皮肤严重灼伤时，必须先将其身上的衣服和鞋袜特别小心地脱下，最好用剪刀一块块剪下。由于灼伤部位一般都很脏，容易化脓溃烂，长期不能治愈，所以救护人员的手不得接触触电者的灼部位，不得在灼伤部位上涂抹油膏、油脂或其他护肤油。

灼伤的皮肤表面必须包扎好。包扎时如同包扎其他伤口一样，应在灼伤部位覆盖消毒的无菌纱布或消毒的洁净亚麻布。包扎前既不得刺破水泡，也不得随便擦去粘在灼伤部位的烧焦衣服碎片，如果需要除去，则应使用锋利的剪刀剪下。对灼伤者进行急救后，应立即将其送往医院治疗。